Holger Schwaab

# Nichtlineare Modellierung von Ferroelektrika unter Berücksichtigung der elektrischen Leitfähigkeit

**Schriftenreihe
des Instituts für Angewandte Materialien**

*Band 5*

Karlsruher Institut für Technologie (KIT)
Institut für Angewandte Materialien (IAM)

Eine Übersicht über alle bisher in dieser Schriftenreihe erschienenen Bände
finden Sie am Ende des Buches.

# Nichtlineare Modellierung von Ferroelektrika unter Berücksichtigung der elektrischen Leitfähigkeit

von
Holger Schwaab

Dissertation, Karlsruher Institut für Technologie (KIT)
Fakultät für Maschinenbau
Tag der mündlichen Prüfung: 26. April 2012


**Impressum**

Karlsruher Institut für Technologie (KIT)
KIT Scientific Publishing
Straße am Forum 2
D-76131 Karlsruhe
www.ksp.kit.edu

KIT – Universität des Landes Baden-Württemberg und
nationales Forschungszentrum in der Helmholtz-Gemeinschaft

KIT Scientific Publishing 2012
Print on Demand

ISSN 2192-9963
ISBN 978-3-86644-869-8

# Nichtlineare Modellierung von Ferroelektrika unter Berücksichtigung der elektrischen Leitfähigkeit

Zur Erlangung des akademischen Grades

## Doktor der Ingenieurwissenschaften

der Fakultät für Maschinenbau
Karlsruher Institut für Technologie (KIT)

genehmigte

DISSERTATION

von

## Dipl.-Ing. Holger Schwaab
aus Heidelberg

Tag der mündlichen Prüfung:   26. April 2012

Hauptreferent:   Prof. Dr. M. Kamlah
Korreferent:   Prof. Dr. P. Supancic
Korreferent:   Prof. Dr. O. Kraft

# Inhaltsverzeichnis

# Symbole

| Symbole | Bedeutung |
| --- | --- |
| **Tensoren** | |
| $S$ | tensorielle Dehnung |
| $S^{\mathrm{lm}}$ | remanente ferroelastische Dehnung |
| $S^{\mathrm{ip}}$ | remanente ferroelektrische Dehnung |
| $\mathbf{1}$ | Einheitstensor |
| $\mathbb{e}, \mathbb{d}, \mathbb{h}$ | Piezotensor |
| $\mathbb{C}$ | Steifigkeitstensor |
| $\kappa$ | Dielektrizitätstensor |
| $\beta$ | Impermittivitätstensor |
| $\sigma$ | Spannungstensor |
| $\delta$ | Kronecker Delta |
| **Vektoren** | |
| $\vec{u}$ | Verschiebungsvektor |
| $\vec{E}$ | elektrisches Feld |
| $\vec{D}$ | Dielektrische Verschiebung |
| $\vec{P}$ | Polarisationsvektor |
| $\vec{e}^{\mathrm{Pi}}$ | Vektor in Richtung der remanenten Polarisation |
| **Skalare** | |
| $f^{\mathrm{d}}$ | Fließkriterium |
| $f^{\mathrm{m}}$ | Fließkriterium |
| $h^{\mathrm{d}}$ | elektrisches Sättigungskriterium |
| $h^{\mathrm{m}}$ | mechanisches Sättigungskriterium |
| $\varphi$ | elektrisches Potential |
| $\xi$ | Volumenanteile |
| nel | Knotenanzahl des Finiten-Elementes |
| $q^{\mathrm{F}}$ | Fremdladungen |
| $\Theta$ | absolute Temperatur |
| $k$ | Boltzmann-Konstante |

| Symbole | Bedeutung |
|---|---|
| t | Zeit |

## Materialkonstanten

| | |
|---|---|
| $P^{sat}$ | Sättigungspolarisation |
| $S^{sat}$ | Sättigungsdehnung |
| $c^{m}$ | def. Steigung in der ferroeleastischen Hysterese |
| $c^{d}$ | def. Steigung in der dielektrischen Hysterese |
| $E^{c}$ | Koerzitivfeldstärke |
| $D^{c}$ | kritische dielektrische Verschiebung |
| $\sigma^{c}$ | Koerzitivspannung |
| $h$ | def. den Einfluss von $\vec{E}$ auf $\sigma^{c}$ |
| $T^{c}$ | Curie Temperatur |
| $Y$ | Elastizitätsmodul |
| $\nu$ | Querkontraktionszahl (Poissonzahl) |
| $\kappa$ | dielektrische Feldkonstante |
| $\epsilon_{0}$ | dielektrische Feldkonstante des Vakuums |
| $d_{\parallel}$ | Piezomodul parallel zur Polungsrichtung |
| $d_{\perp}$ | Piezomodul senkrecht zur Polungsrichtung |
| $d_{=}$ | Piezomodul bei Scherung zur Polungsrichtung |
| $\rho$ | Dichte |
| $\Omega$ | spezifischer elektrischer Widerstand |

## Index und Operatoren

| | |
|---|---|
| $\square^{i}$ | irreversible bzw. remanente Größe |
| $^{n+1}\square$ | neuer Zeitschritt |
| $^{n}\square$ | aktueller Zeitschritt |
| $\|\square\|$ | Norm einer Größe |
| $\mathrm{div}\,\square$ | Divergenz einer Größe |
| $\mathrm{grad}\,\square$ | Gradient einer Größe |
| $\square^{Dev}$ | Deviator einer Größe |
| $\square^{-1}$ | Inverse einer Größe |
| $\square^{T}$ | Transponierte Größe |
| $\square \otimes \square$ | dyadisches Produkt zweier Größen |
| $\dot{\square}$ | Ableitung nach der Zeit |
| $\square^{f}$ | Korrektor, Umklappkriterium |
| $\square^{h}$ | Korrektor, Sättigungskriterium |

# 1 Einleitung

Piezokeramische Werkstoffe ermöglichen durch ihre Kopplung von elektrischen und mechanischen Feldern eine Vielzahl von Anwendungen als Sensor und Aktor. Insbesondere die schnelle Reaktionszeit (Sub-Millisekunden) und die hohe Präzision in der Verformung (Sub-Nanometer) sind Alleinstellungsmerkmale der mit diesem Werkstoff hergestellten Systeme. Im Fokus aktueller Forschung stehen Themen der Energiegewinnung bzw. -speicherung und der Informationsspeicherung mit Hilfe von piezokeramischen Werkstoffen. Für die Sensor- und Aktor-Anwendung ist die Blei-Zirkonat-Titanat-Keramik (PZT) auf Grund ihrer guten elektromechanischen Kopplungseigenschaften innerhalb eines großen Temperaturbereichs der in der Praxis am häufigsten eingesetzte piezokeramische Werkstoff.

Der piezokeramische Werkstoff hat im Allgemeinen ein polykristallines Gefüge und besitzt nach dem Sinterprozess zunächst keine elektromechanische Kopplung. Damit diese aufgebaut wird, muss der Werkstoff einen sogenannten Polungsprozess durchlaufen, bei dem große elektrische Felder aufgebracht werden. Daraus resultieren Dehnungen, die im Vergleich zur späteren Anwendung wesentlich größer sind. Diese Belastung kann deshalb eine Schädigung verursachen, die direkt oder in der späteren Anwendung zum Versagen führt. Für eine Bewertung der Bauteilzuverlässigkeit ist es somit entscheidend, die mechanischen Spannungen möglichst genau zu kennen. Des Weiteren sind für die Funktion piezokeramischer Bauteile sowohl die Richtung als auch der Betrag der Polarisation im Werkstoff ausschlaggebend. Diese Feldgrößen sind innerhalb eines Bauteils messtechnisch nicht zu ermitteln. Somit ist die Simulation ein entscheidendes Werkzeug für die Entwicklung und Optimierung piezokeramischer Bauteile. Die bisher verfügbaren, kommerziellen Simulationsprogramme können nur das lineare elektromechanische Kopplungsverhalten wiedergeben. Die Simulation des Polungsprozesses ist damit nicht möglich. Gleichzeitig setzen diese Programme vom Anwender a priori die Kenntnis des Polungszustandes voraus, der jedoch selbst für einfachste Bauteile nicht bekannt ist.

Ziel dieser Arbeit ist es, das Hysterese-Verhalten der Piezokeramik auf der makroskopischen Skala durch ein geeignetes Materialmodell wiederzugeben. Für die Untersuchung unterschiedlichster Problemstellungen soll dieses Materialmodell in eine Finite-Elemente-Umgebung implementiert werden. Dabei muss das Differentialgleichungssystem, welches das Materialverhalten beschreibt, sehr oft gelöst werden. Deswegen soll ein möglichst effizienter und gleichzeitig stabiler Lösungsalgorithmus entwickelt werden. Nach dem Polen können elektrische Felder innerhalb des Werkstoffes verbleiben, die einen nicht vernachlässigbaren Beitrag zum Bauteilverhalten liefern. Obwohl die elektrische Leitfähigkeit der als Halbleiter eingestuften PZT-Keramik sehr gering ist, findet über einen längeren Zeitraum ein Ladungstransport statt. Dieser führt zu einer zeitabhängigen Veränderung des elektrischen Feldes, das auf Grund der elektromechanischen Kopplung die mechanischen Felder im Bauteil beeinflusst. Dieses komplexe Verhalten und damit der Einfluss der elektrischen Leitfähigkeit, kann ohne eine Simulation nicht vorhergesagt werden. Ein weiteres Ziel dieser Arbeit ist deshalb, ein Simulationswerkzeug zur Untersuchung des komplexen elektromechanischen Verhaltens aufzubauen, so dass der Einfluss der elektrischen Leitfähigkeit anhand von anwendungsnahen Beispielen dargestellt werden kann.

# 2 Grundlagen

Zu Beginn wird in Kap. 2.1 auf die grundlegenden Eigenschaften von Ferroelektrika eingegangen. Das nichtlineare Materialverhalten wird anschaulich anhand des Verhaltens einer tetragonalen Einheitszelle abgeleitet. Die daraus resultierenden Mechanismen werden in Kap. 2.2 auf die makroskopische Skala übertragen. Für die Modellierung dieses Werkstoffverhaltens müssen entsprechende Bilanzgleichungen der Kontinuumsmechanik berücksichtigt werden. Diese werden in Kap. 2.3 dargestellt. Auf Grund der elektromechanischen Kopplung müssen sowohl das Kräftegleichgewicht als auch die Maxwellschen Gleichungen erfüllt werden. Die Zusammenführung der beiden Feldgleichungen durch die lineare Thermodynamik liefert die piezoelektrischen Gleichungen.

## 2.1 Eigenschaften von Ferroelektrika

Die Ursachen der elektromechanischen Koppelphänomene von Ferroelektrika werden in diesem Kapitel kurz erläutert. Dies findet auf einer qualitativen Ebene statt, ohne auf die Festkörperphysik im Detail einzugehen. Für eine detaillierte Betrachtung sei auf die Arbeiten [38, 44, 75, 98] verwiesen. Besonders anschaulich lassen sich die Eigenschaften anhand der Einheitszelle dieser Werkstoffe erklären. Die kristalline Perowskitstruktur von Blei-Zirkonat-Titanat ($PbZrTiO_3$), abgekürzt PZT, ist in Abb. 2.1 dargestellt. Bariumtitanat ($BaTiO_3$) und PZT sind durch ihre guten Kopplungseigenschaften für die kommerzielle Anwendung von besonderem Interesse. PZT ist auf Grund der höheren Curie Temperatur ($T_c \approx 230°\text{-}500°$) für einen breiteren Anwendungsbereich geeignet. Oberhalb der Curie-Temperatur, in der Hochtemperaturphase, ist die Einheitszelle kubisch und die Ladungsschwerpunkte liegen aufeinander. In dieser Phase ist das Material paraelektrisch und zeigt keinen piezoelektrischen Effekt. Allein die Elektrostriktion bewirkt eine Deformation auf Grund eines aufgebrachten elektrischen Feldes. Diese Deformation ist proportional zum Quadrat des elektrischen Feldes und somit unabhängig vom Vorzeichen.

Unterhalb der Curie-Temperatur ist die kubische Phase instabil. Die Verschiebung des zentralen Ions führt dazu, dass der positive und der negative Ladungsschwerpunkt nicht mehr aufeinander liegen. Je nach Zusammensetzung und Temperatur kann PZT eine tetragonale, orthorhombische oder rhomboedrische Kristallstruktur aufweisen. Die zu erwartende Struktur kann anhand des Phasendiagramms in [44] bestimmt werden. Die Position des Zentral-Ions in der

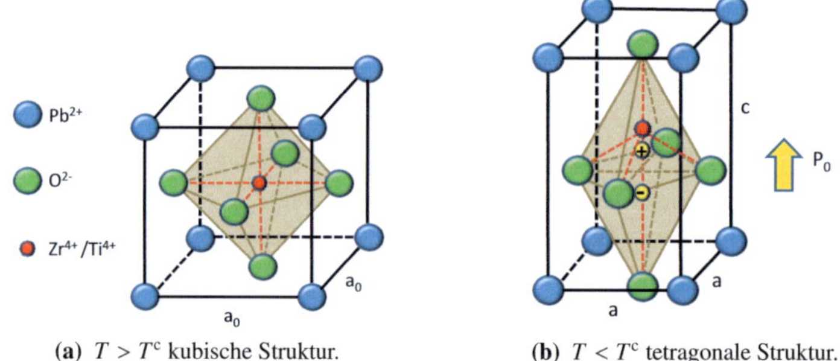


**(a)** $T > T^c$ kubische Struktur.                    **(b)** $T < T^c$ tetragonale Struktur.

**Abb. 2.1:** Perowskitstruktur von PZT oberhalb und unterhalb der Curie-Temperatur $T^c$.

Einheitszelle ist in Abb. 2.1b für eine kubische und eine tetragonale Struktur dargestellt. Die Trennung der Ladungsschwerpunkte nach dem Phasenübergang führt zu einem Dipolmoment, das durch die spontane Polarisation $P_0$ beschrieben wird. Damit gekoppelt wird die Einheitszelle tetragonal verzerrt. Dies führt zu einer spontanen Dehnung, die in der Größenordnung von $\approx 1\%$ liegt. Unter dem Begriff *direkter piezoelektrischer Effekt* versteht man das Kopplungsphänomen, bei dem durch das Aufbringen einer mechanischen Spannung proportional dazu elektrische Ladungen auf der Oberfläche auftreten, die ein elektrisches Feld erzeugen. Ursache hierfür ist die Deformation der Einheitszelle, wodurch die Abstände der Ladungen sich zueinander verändern und damit auch die Polarisation.

Wird ein elektrisches Feld angelegt, so reagiert der Kristall mit einer Deformation. Dies wird als *inverser piezoelektrischer Effekt* bezeichnet. Er beruht analog zum direkten piezoelektrischen Effekt auf einer Verschiebung der Ladungsschwerpunkte, der damit einhergehenden Verformung der Einheitszelle und der Polarisationsänderung durch das äußere elektrische Feld. In einer tetragonalen Einheitszelle ergeben sich für das Zentral-Ion sechs Gleichgewichtslagen entsprechend der sechs Raumrichtungen und damit sechs Richtungen für die spontane Polarisation, siehe Abb. 2.2. Keramiken sind ferroelektrisch, wenn es durch das Aufbringen einer mechanischen bzw. elektrischen Belastung möglich ist, zwischen diesen Richtungen der spontanen Polarisation umzuschalten. Dieses Verhalten ist in den Abbildungen 2.3-2.5 für unterschiedliche Konfigurationen dargestellt. Die Änderung der spontanen Polarisation auf Grund einer Druckbelastung ist in Abb. 2.3 dargestellt. Unterhalb einer kritischen mechanischen Spannung, der sogenannten Koerzitivspannung $\sigma^c$, tritt eine reversible Gestaltänderung gemäß des direkten piezoelektrischen Effekts ein. Die Ände-

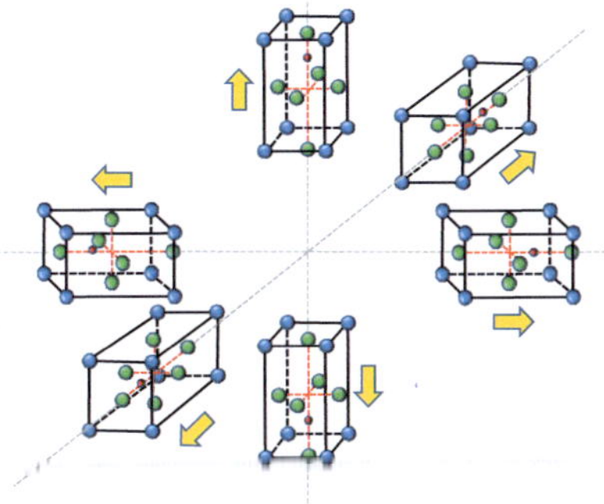

**Abb. 2.2:** Die sechs Richtungen der spontanen Polarisation auf Grund der Verschiebung des Titanion.

rung der spontanen Polarisation ist schematisch durch die Länge der gelben Pfeile gekennzeichnet. Zeigt die Richtung der spontanen Polarisation entgegen der Druckbeanspruchung und übersteigt diese die Koerzitivspannung, so findet ein 90°-Umklappen der spontanen Polarisation statt. Die vier in Abb. 2.3(d) dargestellten Umklapprichtungen der Einheitszelle sind gleich wahrscheinlich. Für den Fall einer Zugbeanspruchung ist in Abb. 2.4 das Verhalten der Einheitszelle dargestellt. Analog zum Verhalten unter Druckbeanspruchung tritt für Zugspannungen unterhalb der Koerzitivspannung der direkte piezoelektrische Effekt auf. Ist die Richtung der spontanen Polarisation senkrecht zur Zugrichtung, so führt eine Zugbeanspruchung zu einem 90°-Umklappen. Auf Grund der identischen Gestaltänderung sind zwei Konfigurationen gleichwahrscheinlich.

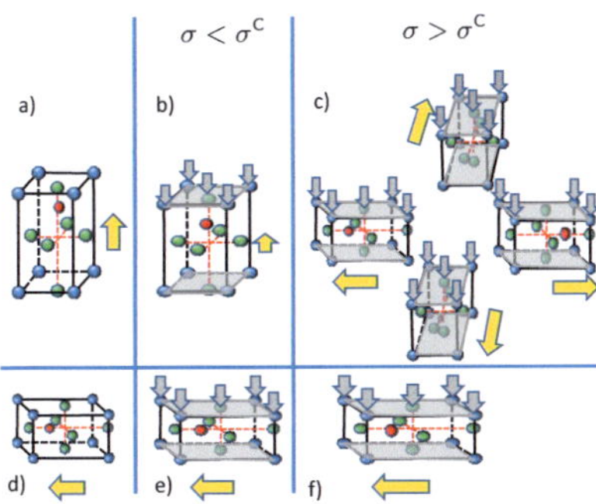


**Abb. 2.3:** Änderung der spontanen Polarisation auf Grund einer Druckbelastung.

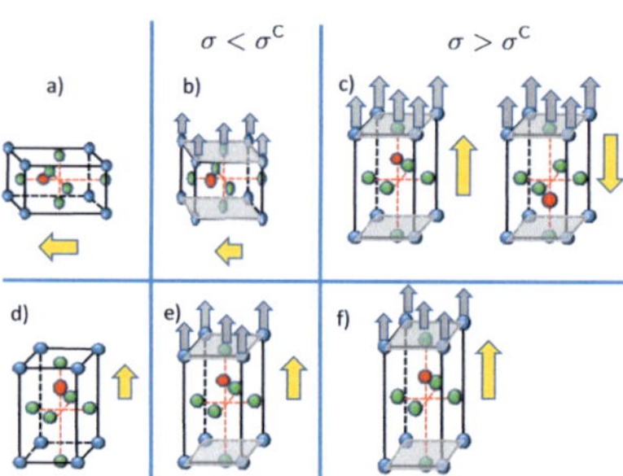

**Abb. 2.4:** Änderung der spontanen Polarisation auf Grund einer Zugbelastung.

Der Einfluss eines mit einem roten Pfeil gekennzeichneten elektrischen Feldes auf die Einheitszelle ist in Abb. 2.5 dargestellt. Elektrische Felder unterhalb einer kritischen Stärke, der Koerzitivfeldstärke $E^c$, führen zu einer Gestaltänderung gemäß des inversen piezoelektrischen Effekts. Elektrische Felder, die größer als die Koerzitivfeldstärke sind, bewirken eine Umorientierung in Richtung des elektrischen Feldes. Es sind sowohl 90°-Umklappvorgänge als auch 180°-Umklappvorgänge entsprechend der Orientierung des angelegten elektrischen Feldes möglich. Zeigt die Richtung der spontanen Polarisation in Feldrichtung, so ist das Verhalten rein reversibel. Das Umklappen der spontanen Polarisation ist ein irreversibler Prozess, das heißt nach dem Entlasten bleibt diese Richtung erhalten.

Bei den in dieser Arbeit betrachteten Ferroelektrika handelt es sich um Ke-

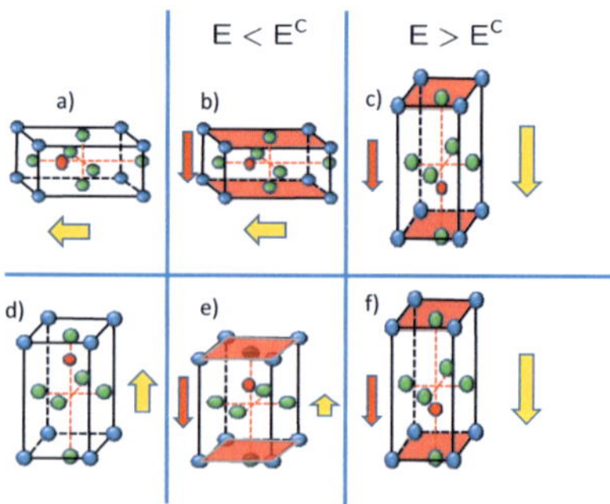

**Abb. 2.5:** Änderung der spontanen Polarisation auf Grund eines elektrischen Feldes.

ramiken mit einem polykristallinen Aufbau, siehe Abb. 2.6. Diese Keramiken durchlaufen gewöhnlich bei ihrer Herstellung einen Sinterprozess. Hierfür werden Temperaturen weit oberhalb der Curie-Temperatur benötigt. Beim Abkühlen kommt es zum Phasenübergang von der paraelektrischen zur ferroelektrischen Phase. Durch die sechs gleich wahrscheinlichen Gleichgewichtslagen, vgl. Abb. 2.2, bilden sich im Material unterschiedliche Richtungen der spontanen Polarisation aus. Diese sind zunächst zufällig verteilt. Zur Minimierung von mechanischen Spannungen und elektrischen Feldern innerhalb eines Korns [3] bilden sich jedoch Bereiche mit gleicher Polarisationsrichtung. Diese werden als Domänen bezeichnet und sind in der REM Aufnahme in Abb. 2.6 anhand der einheitlich gestreiften Bereiche zu erkennen. Die Größe der Domänen sowie

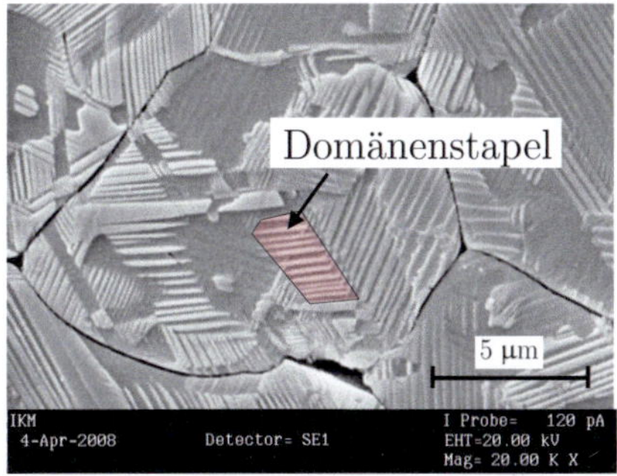


**Abb. 2.6:** Mikrostruktur einer PZT-Keramik[1].

die Korngröße sind abhängig von der gewählten chemischen Zusammensetzung des Materials und der Prozessparameter des Sintervorgangs. Auf Grund der regellosen Verteilung der Orientierungen der spontanen Polarisationen verhält sich das Material makroskopisch, nach Unterschreiten der Curie-Temperatur isotrop. Die Einheitszelle und die Domänen zeigen jedoch ein ferroelektrisches Verhalten. Damit das Material auch makroskopisch das gekoppelte elektromechanische Materialverhalten zeigt, müssen die Domänen ausgerichtet werden. Durch das Anlegen eines elektrischen Feldes oberhalb der Koerzitivfeldstärke kann die Richtung der spontanen Polarisation gezielt verändert werden. Eine schematische Betrachtung des makroskopischen Polungsvorgangs ist in Abb. 2.7 dargestellt. Durch das Anlegen eines elektrischen Feldes oberhalb der Koerzitivfeldstärke beginnen die Domänen in eine günstigere Orientierung zu klappen,

---

[1]Tetragonales, undotiertes PZT mit einer chemischen Zusammensetzung 52.5/47.7. Abbildung zur Verfügung gestellt von Hans Kungl, KIT IAM-KM

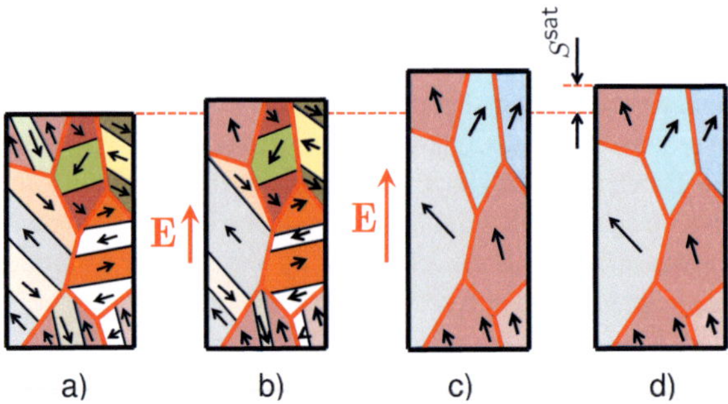


**Abb. 2.7:** Schematische Betrachtung des makroskopischen Polungsprozesses.
a) Isotroper Ausgangszustand; b) Umklappen von Domänen und
Bewegung von Domänengrenzen, E > E$^c$; c) Vollständig gepolter
Zustand, E $\gg$ E$^c$ d) Remanente Dehnung und Polarisation, ohne
elektrisches Feld.

Abb. 2.7(b). Die exakte Orientierung der Domänen in Richtung des elektrischen Feldes ist auf Grund der vorhandenen Domänenstruktur nur teilweise möglich, Abb. 2.7(c). Somit ist die Dehnung und die Polarisation des Polykristalls geringer als die eines ideal ausgerichteten Einkristalls, siehe [62]. Nach dem Entlasten verbleibt ein makroskopischer Mittelwert der Dehnung und der Polarisation im Material, die als *irreversible* oder *remanente* Dehnung $S^i$ und Polarisation $\vec{P}^i$ bezeichnet wird, Abb. 2.7(c). Dieser makroskopische Mittelwert der spontanen Polarisation ermöglicht den makroskopischen piezoelektrischen Effekt. An dieser Stelle sei erwähnt, dass die hier gezeigte Modellvorstellung über das Verhalten von Ferroelektrika eine vereinfachte Darstellung ist und im Detail noch Gegenstand aktueller Forschung. Die teilweise reversiblen Bewegungen von Domänenwänden beeinflussen maßgeblich die Eigenschaften von Ferroelektrika, siehe [13, 97]. Des Weiteren liegen kommerziell eingesetzte PZT-Keramiken auf Grund ihrer chemischen Zusammensetzung an der morphotropen Phasengrenze, siehe [44]. Aus der Koexistenz der sowohl tetragonalen als auch rhomboedrischen Phase ergeben sich gute Kopplungseigenschaften. Eine erweiterte Modellvorstellung wird z.B. in der Arbeit von [38, 54, 98] dargestellt.

## 2.2 Makroskopisches Verhalten von Ferroelektrika

Aus den mikrostrukturellen Änderungen der Domänenorientierungen durch äußere Belastungen resultieren auf der makroskopischen Skala Hysteresen. Dieses nichtlineare Verhalten wird im folgenden Abschnitt vorgestellt. Nach dem Sinterprozess liegt ein thermisch depolarisierter Zustand vor. Durch die makroskopische Mittelung ist das Material isotrop und es gibt kein elektromechanisches gekoppeltes Materialverhalten. Ausgehend von diesem gut definierten Werkstoffzustand wird das makroskopische Verhalten unter rein elektrischer und rein mechanischer Belastung in Kap. 2.2.1 und Kap. 2.2.2 zuerst getrennt voneinander untersucht.

Während des Polungsprozesses von Bauteilen ergibt sich im Allgemeinen eine gekoppelte elektromechanische Belastung. Deshalb sind Untersuchungen des Materialverhaltens unter diesen Belastungen für die Entwicklung eines Materialmodells wichtig. Exemplarisch wird die Kopplung von elektrischen und mechanischen Größen anhand von zwei Beispielen vorgestellt: der mechanischen Depolarisation und einer überlagerten koaxialen elektromechanischen Belastung. Die Verteilung der c-Achsen (siehe Abb. 2.1b) der Einheitszellen

(a)          (b)          (c)

**Abb. 2.8:** Makroskopische Verteilung der c-Achsen der Einheitszellen anhand von Piktogrammen. a) Depolarisierter Zustand; b) Vollgepolter Zustand mit makroskopischer Polarisation; c) Texturierte Domänenverteilung ohne makroskopische Polarisation.

wird anhand von Piktogrammen wie in Abb. 2.8 dargestellt. Für den depolarisierten Zustand, siehe Abb. 2.8a, sind die c-Achsen gleichmäßig in jede Raumrichtung verteilt. Die rot eingezeichneten Pfeilspitzen, siehe Abb. 2.8b, kennzeichnen eine Vorzugsrichtung der spontanen Polarisation. Dies führt zu einer makroskopischen Polarisation. Eine geringe Anzahl an dargestellten c-Achsen, siehe Abb. 2.8c, zeigt eine verstärkte Ausrichtung der c-Achsen, woraus nicht zwangsläufig eine makroskopische Polarisation resultiert.

## 2.2.1 Elektrische Belastung

Die dielektrische Hysterese ist schematisch in Abb. 2.9a dargestellt und zeigt die Abhängigkeit der Polarisation P vom elektrischen Feld E. Die Schmetterlingshysterese in Abb. 2.9b stellt die Abhängigkeit der Dehnung $S$ vom elektrischen Feld dar und entspricht der elektromechanischen Kopplung. Beide Hysteresen charakterisieren das sogenannte *ferroelektrische* Materialverhalten. Unterhalb der Koerzitivfeldstärke $E^c$ wird das lineare, reversible Verhalten eines Dielektrikums beobachtet. Durch die Gleichverteilung der Domänenorientierungen ist das makroskopische Materialverhalten isotrop und die Dehnung nicht mit dem elektrischen Feld gekoppelt, was durch die horizontale Anfangsgerade in der Schmetterlingshysterese in Abb. 2.9b deutlich wird. Wird die Koerzitivfeldstärke überschritten, so klappen die Domänen zunehmend in Richtung des elektrischen Feldes um. Dies führt in Abb. 2.9a zu einem deutlichen Anstieg der

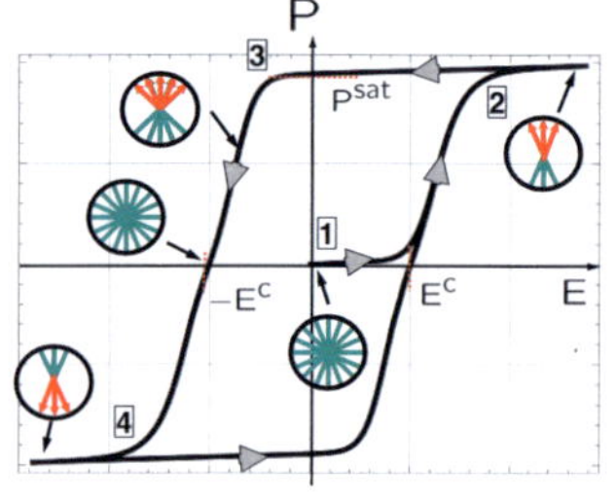

(a) Dielektrische Hysterese.

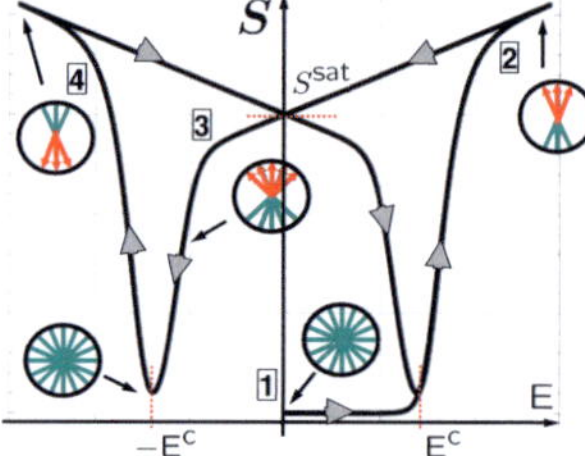

(b) Schmetterlingshysterese.

**Abb. 2.9:** Ferroelektrisches Materialverhalten.

Gesamtpolarisation. Sie setzt sich aus einer wesentlich kleineren reversiblen, rein dielektrischen Polarisation und einer irreversiblen, remanenten Polarisation durch das Umklappen der Domänen zusammen. Die Umorientierung der Domänen und das damit verbundene Ausrichten der c-Achsen in eine definierte Richtung führt zu einem starken Anstieg der Dehnung in Abb. 2.9b. Durch den damit einhergehenden Aufbau der elektromechanischen Kopplung ergibt sich zusätzlich eine reversible Dehnung auf Grund des inversen piezoelektrischen Effekts. Können sich keine Domänen weiter ausrichten, ist ein Sättigungszustand erreicht (Punkt 2, in Abb. 2.9). Durch die Ausrichtung der Domänen ist die elektromechanische Kopplung vollständig aufgebaut und das Material verhält sich linear. Wird das elektrische Feld entfernt, verbleiben eine remanente

Polarisation $P^{sat}$ und eine remanente Sättigungsdehnung $S^{sat}$ im Material. Für den Aktor- und Sensor-Betrieb ist dieser gepolte Zustand des Materials von besonderem Interesse, da hier ein nahezu linearer Zusammenhang zwischen dem elektrischen Feld, der Dehnung und der Polarisation vorliegt. Erneutes Umklappen der Domänen findet erst bei einem hinreichend großen elektrischen Feld in entgegengesetzter Richtung statt (Punkt 3, in Abb. 2.9). Die Verteilung der c-Achsen ist breiter gestreut und somit reduzieren sich die Dehnung und die Polarisation bis zum Erreichen der negativen Koerzitivfeldstärke. Erst nach dem Unterschreiten der negativen Koerzitivfeldstärke findet eine Ausrichtung der Domänen in Richtung des elektrischen Feldes statt. Die Polarisation in negativer Richtung führt auf Grund der Orientierung der c-Achsen zu einer Zunahme der Dehnung. Allein die Ausrichtung der c-Achsen ist für die Dehnung maßgeblich, nicht die Richtung des Polarisationsvektors. Hieraus resultiert die Spiegelsymmetrie der Schmetterlingshysterese bezüglich $E = 0$. Analog zu der Belastung in positiver Richtung wird ein Sättigungswert erreicht, ab dem das Materialverhalten linear piezoelektrisch ist (Punkt 4, in Abb. 2.9). Durch eine weitere Lastumkehr entstehen die geschlossene dielektrische Hysterese und die Schmetterlingshysterese.

## 2.2.2 Mechanische Belastung

Ausgehend vom thermisch depolarisierten Zustand wird das Verhalten der Ferroelektrika unter rein mechanischer Belastung untersucht. Diese Belastung kann abhängig von Betrag und Richtung ein 90°-Umklappen von Domänen verursachen. Den Einfluss einer einachsigen, mechanischen Spannung $\sigma$ auf die Dehnung $S$ zeigt die sogenannte *ferroelastische* Hysterese. Diese ist schematisch in Abb. 2.10 für Zug- und Druckbelastung dargestellt. Eine experimentelle Verifikation dieser hier abgebildeten Hysterese ist schwierig, da die Zugfestigkeit einer PZT-Keramik unterhalb der für das Erreichen des Sättigungszustandes notwendigen Zugspannung liegt. Druckspannungen, die für das Erreichen der Sättigung notwendig sind, führen meist nicht zum Versagen der Keramik. Für Druckspannungen unterhalb der Koerzitivspannung $\sigma^c$ verhält sich der Polykristall makroskopisch linear elastisch, siehe Abb. 2.10. Erst beim Überschreiten der Koerzitivspannung beginnen die 90°-Umklappvorgänge der Domänen. Die c-Achsen der Einheitszelle orientieren sich möglichst senkrecht zur Belastungsrichtung. Dies führt zu einer negativen irreversiblen, remanenten Dehnung in Belastungsrichtung. Im Spannungs-Dehnungs-Diagramm sinkt die makroskopische Elastizität des Materials, so lange diese Umklappvorgänge stattfinden. Dieses nichtlineare Verhalten stoppt, wenn die Domänen vollständig ausge-

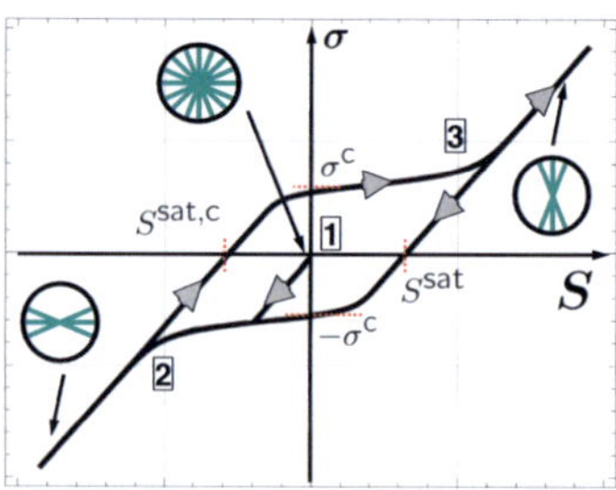


**Abb. 2.10:** Ferroelastische Hysterese.

richtet sind (Punkt 2 in Abb. 2.10). Danach verhält sich das Material wieder steifer und annäherungsweise linear elastisch. Im Unterschied zum ferroelektrischen Materialverhalten gibt es beim Umklappen der Domänen keine eindeutige Vorzugsrichtung, da mehrere Richtungen gleich wahrscheinlich sind. Daraus resultiert eine Verteilung der spontanen Polarisation, so dass sich keine makroskopische Polarisation und damit auch keine elektromechanische Kopplung ergibt. Nach der Entlastung verbleibt im Material eine irreversible, remanente Dehnung, die sogenannte Sättigungsdehnung $S^{\text{sat,c}}$, vgl. Abb. 2.10. Wird die Belastungsrichtung gedreht und eine Zugspannung aufgebracht, so beginnen die Domänen nach dem Überschreiten der positiven Koerzitivspannung ihre Orientierung zu verändern. Es handelt sich wieder um 90°-Umklappvorgänge, die zu einer Dehnungsänderung und somit zu einem nichtlinearen Verlauf führen. Die Domänen klappen parallel zur Zugbelastung um. Da gleich wahrscheinliche Richtungen existieren, entsteht keine makroskopische Polarisation. Ist der gesättigte Zustand erreicht (Punkt 3 in Abb. 2.10), verhält sich das Material linear elastisch. Nach dem Entlasten verbleibt die remanente Sättigungsdehnung $S^{\text{sat}}$ im Material.

In der schematischen Darstellung in Abb. 2.10 wird zwischen der Sättigungsdehnung unter Druck- und Zugbelastung unterschieden. Für einen tetragonalen Einkristall, der in die Belastungsrichtung orientiert ist, erwartet man auf Grund der doppelten Anzahl an möglichen Gleichgewichtslagen unter Druckbelastung im Vergleich zur Zugbelastung (siehe Abb. 2.4 im Vergleich zur Abb. 2.3) das Verhältnis von 1:2 zwischen der Sättigungsdehnung unter Druck- und Zugbelastung. Nichtlineare Simulationen eines Polykristalls mit einer tetragonalen Einheitszelle in [23] zeigen ein Verhältnis der Sättigungsdehnung in der ferroelastischen Hysterese von 1:1.3, siehe Kap. 4.1.3.

### 2.2.3 Gekoppelte elektromechanische Belastung

Nachdem bisher das Verhalten unter rein mechanischer oder rein elektrischer Belastung betrachtet wurde, wird in diesem Abschnitt das Verhalten unter gekoppelten elektromechanischen Beanspruchungen untersucht. Die hierfür notwendigen Experimente sind schwieriger durchzuführen, da für das Erzeugen einer homogenen, einachsigen mechanischen Belastung meist größere Proben verwendet werden. Auf Grund der Abmessungen ist eine Hochspannungsquelle notwendig, damit ausreichend große elektrische Felder erzeugt werden können. Deshalb sind nur wenige Messdaten verfügbar. In der Arbeit von [108] sowie in späteren Veröffentlichungen [111, 112] wird die Komplexität dieser Versuche dargestellt und das hier schematisch dargestellte elektromechanische Verhalten experimentell untersucht.

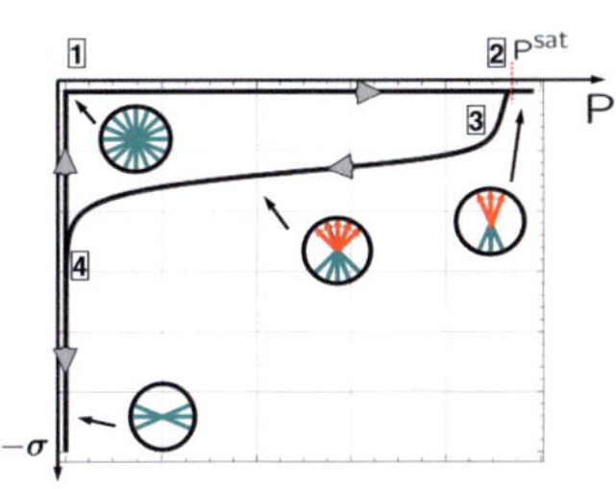

(a) Polarisation über der Druckbeanspruchung.

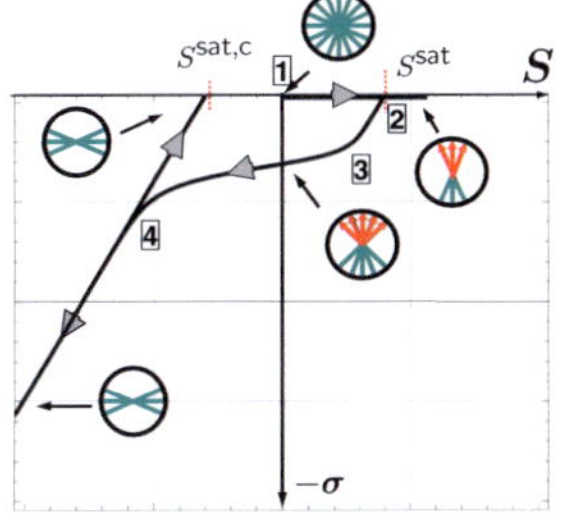

(b) Dehnung über der Druckbeanspruchung.

**Abb. 2.11:** Mechanische Depolarisation.

Die mechanische Depolarisation ist ein Versuch, bei dem eine elektrische und eine mechanische Belastung hintereinander geschaltet sind. Im ersten Schritt wird das Material durch ein elektrisches Feld gepolt und danach mit einer mechanischen Druckspannung koaxial belastet. Schematisch ergeben sich die in Abb. 2.11 dargestellten Verläufe der Polarisation und der Dehnung über der Druckspannung. Der horizontale Verlauf von Punkt 1 zu Punkt 2 zeigt den Polungsprozess und die damit verbundene Änderung der Polarisation und der Dehnung. Durch Wegnahme des elektrischen Feldes verbleiben die Sättigungspolarisation $P^{sat}$ und die Sättigungsdehnung $S^{sat}$ im Material. An Punkt 2 startet die Druckbelastung. Das Material verhält sich bis zu Punkt 3 linear und reversibel. Nach dem Überschreiten eines Grenzwertes setzen $90°$-Umklappprozesse ein, wobei sich die Domänen in eine Ebene senkrecht zur Beanspruchung

umorientieren. Diese Neuorientierung der c-Achsen verursacht eine nichtlineare
Reduktion der Dehnung. Da gleich wahrscheinliche Richtungen vorhanden sind,
reduziert sich durch die makroskopische Mittelung die Polarisation. Sind die
Domänen vollständig umorientiert, kann die Polarisation nicht weiter abnehmen
(siehe Punkt 4 in Abb. 2.11a). Das Spannungs-Dehnungs-Verhalten ist deshalb
ab Punkt 4 linear elastisch.

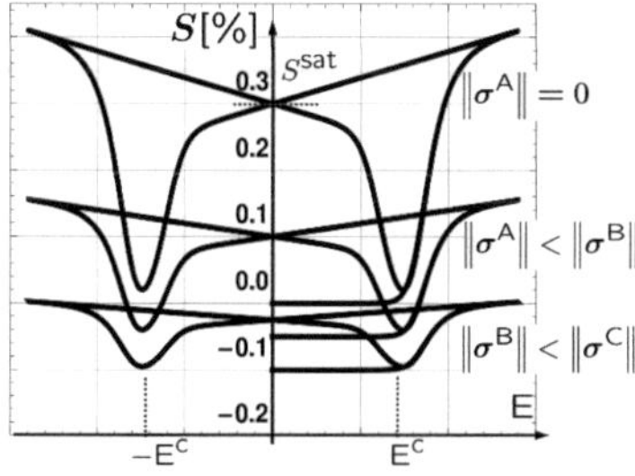


**Abb. 2.12:** Schmetterlingshysterese mit überlagerter Druckspannung.

Für die Modellierung von Ferroelektrika ist es erforderlich, den Einfluss einer
überlagerten elektromechanischen Belastung auf das Umklappverhalten von Domänen zu kennen. Dieses Verhalten kann beispielsweise durch die Überlagerung
einer konstanten Druckbeanspruchung mit einem sich zyklisch verändernden
elektrischen Feld in koaxialer Richtung untersucht werden. Hieraus ergeben sich
für unterschiedliche mechanische Spannungen ($\|\sigma^B\| < \|\sigma^C\|$) die in Abb. 2.12
gezeigten schematischen Verläufe. Die mechanische Druckspannung behin-
dert das Umklappen der Domänen. Somit kommt es nicht nur zu einer reinen
vertikalen Verschiebung der Schmetterlingshysterese. Die Hysterese wird in
Abhängigkeit der mechanischen Spannung auch gestaucht. Für große mechanische Spannungen ist keine Hysterese mehr zu beobachten und es gibt keine
elektromechanische Kopplung.

## 2.3 Grundgleichungen der Elektromechanik

Für die Modellierung des Verhaltens von piezoelektrischen Strukturen ist es
notwendig, sowohl die Beziehungen der Elastostatik als auch die Beziehungen
der mechanischen Statik zu erfüllen. Unter den getroffenen Annahmen, welche

in den folgenden Abschnitten erläutert werden, ergibt sich zunächst keine direkte Kopplung der Bilanzgleichungen der Mechanik und der Elektrostatik. Deswegen werden diese in Kap. 2.3.1 und Kap. 2.3.2 separat voneinander vorgestellt. Erst die lineare Thermodynamik in Kap. 2.3.3 führt zu den piezoelektrischen Gleichungen und zu einer Formulierung des elektromechanisch gekoppelten Gesamtpotentials.

## 2.3.1 Grundgleichungen der Elastostatik

Für eine umfassende Herleitung der Beziehungen der Kontinuumsmechanik sei auf die in großer Vielfalt verfügbare Grundlagenliteratur der Mechanik verwiesen [37, 91, 95]. Bei den in dieser Arbeit untersuchten Ferroelektrika handelt es sich um keramische Werkstoffe, die nur geringe Verformungen zulassen. Deswegen beschränkt sich die Darstellung auf den geometrisch linearen Fall. Die elektrisch oder mechanisch induzierten Verzerrungen in Ferroelektrika sind in der Größenordnung von einigen Promille, siehe Kap. 2.1. Der durch die Anwendung der geometrisch linearen Theorie entstehende Fehler kann als vernachlässigbar angesehen werden. Der symmetrische Dehnungstensor

$$S = \frac{1}{2}\left(\operatorname{grad} \vec{u} + (\operatorname{grad} \vec{u})^T\right) \tag{2.1}$$

ergibt sich aus dem Verschiebungsgradienten. Ist das Verschiebungsfeld $\vec{u}$ bekannt, können durch das Differenzieren die sechs unabhängigen Größen des Dehnungstensors berechnet werden. Das Gesetz der Impulserhaltung

$$\rho\,\ddot{\vec{u}} = \operatorname{div}\,\sigma + \vec{f}^B \tag{2.2}$$

kann im statischen Fall $\ddot{\vec{u}} = \dot{\vec{u}} = \vec{0}$ vereinfacht werden. Gewichtskräfte werden in dieser Arbeit vernachlässigt, können aber in der Volumenkraft $\vec{f}^B$ berücksichtigt werden. Aus der geforderten Drehimpulserhaltung lässt sich die Symmetrie

$$\sigma - \sigma^T = 0 \tag{2.3}$$

des Spannungstensors $\sigma$ ableiten. Diese Symmetrie kann in der Elektromechanik durch die ponderomotorische Kraft, siehe [67], verletzt werden. Eine Einschätzung über deren Einfluss wird in [47] gegeben. Für typische ferroelektrische PZT-Keramiken ist der Betrag des schiefsymmetrischen Anteils des Spannungstensors in der Größenordnung von 1 MPa [1]. Im Vergleich zu den

---

[1] Im voll gepolten Zustand und bei zweifacher Koerzitivfeldstärke.

symmetrischen Anteilen des Spannungstensors kann die ponderomotorische Kraft deswegen vernachlässigt werden.

## 2.3.2 Grundgleichungen der Elektrostatik (Maxwellsche Gleichungen)

Die Maxwellschen Gleichungen werden von vielen Physikern auf Grund ihrer „Schönheit und Symmetrie" bewundert[1] [30]. Diese Gleichungen verbinden auf elegante Weise die elektrischen, magnetischen und optischen Phänomene. Die Grundlagen sind in [80] anschaulich dargestellt und [20, 67] liefern eine umfassende Beschreibung im Kontext der Kontinuums-Mechanik. An dieser Stelle werden diese in differentieller Schreibweise vorgestellt,

$$\operatorname{rot}\vec{H} = \vec{J} + \frac{\partial \vec{D}}{\partial t} \quad (2.4) \qquad , \qquad \operatorname{rot}\vec{E} = \frac{\partial \vec{B}}{\partial t} \quad (2.5)$$

$$\operatorname{div}\vec{D} = q^{F} \quad (2.6) \qquad , \qquad \operatorname{div}\vec{B} = 0 \quad (2.7)$$

mit den elektrischen und magnetischen Feldern $\vec{E}$ bzw. $\vec{H}$, der dielektrischen Verschiebung $\vec{D}$, der magnetischen Flussdichte $\vec{B}$, der volumenspezifischen Ladungsdichte $q^{F}$ und dem elektrischen Strom $\vec{J}$. Das System aus gekoppelten Differenzialgleichungen ermöglicht eine vollständige Beschreibung der elektromagnetischen Felder. Die Konsequenzen der Maxwellschen Gleichungen können wie folgt zusammengefasst werden: Elektrische Ströme und die zeitliche Änderung der dielektrischen Verschiebung erzeugen Wirbel im Magnetfeld, Gl. (2.4). Die zeitliche Änderung der magnetischen Induktion beeinflusst wiederum das elektrische Feld, Gl. (2.5). Elektrische Ladungen sind Quellen und Senken der dielektrischen Verschiebung, Gl. (2.6). Im Gegensatz dazu existieren keine magnetischen Elementarladungen, d.h. die magnetische Induktion ist quellfrei, Gl. (2.7).
Für die Beschreibung des Materialverhaltens von Ferroelektrika können die Maxwellschen Gleichungen maßgeblich vereinfacht werden. Auf Grund der elektromechanischen Kopplung bei ferroelektrischen Materialien führt eine

---

[1]Boltzmann stellte in Bewunderung der Maxwellschen Gleichungen als Motto über seine <Vorlesung über Maxwells Theorie> das Goethewort „War es Gott, der diese Zeichen schrieb ? " voran [30].

zeitliche Änderung der Verschiebung zu einer zeitlichen Änderung des elektrischen Feldes. Die zeitliche Veränderung des elektrischen Feldes liegt dabei weit unterhalb der Lichtgeschwindigkeit. Deshalb werden Effekte aus der Relativitätstheorie vernachlässigt und es wird von einem quasi stationären elektrischen Feld ausgegangen. Ferroelektrische Keramiken gehören zu der Gruppe der Halbleiter und besitzen einen hohen spezifischen elektrischen Widerstand. Auf Grund der hohen elektrischen Felder findet dennoch ein Ladungstransport statt. Die elektrischen Ströme und die sich daraus ergebende zeitliche Änderung des elektrischen Feldes sind auf Grund des hohen elektrischen Widerstandes gering. Eine elektromagnetische Wechselwirkung kann somit vernachlässigt werden. Die quasi-elektrostatischen Maxwellschen Gleichungen vereinfachen sich zu

$$\operatorname{div} \vec{D} = q^{\mathrm{F}} \quad , \quad \text{(Gauß'sches Gesetz)} \tag{2.8}$$

$$\operatorname{rot} \vec{E} = 0 \quad , \quad \text{(Faraday'sches Gesetz)} \tag{2.9}$$

$$\operatorname{div} \vec{J} + \frac{\partial q^{\mathrm{F}}}{\partial t} = 0 \quad , \quad \text{(Ladungserhaltung)} \quad . \tag{2.10}$$

Für die Beschreibung des elektrischen Feldes ist eine Definition der potentielle Energie, dem skalaren elektrischen Potential $\varphi$, hilfreich. Das elektrische Feld

$$\vec{E} = -\operatorname{grad} \varphi \tag{2.11}$$

berechnet sich aus dem negativen Gradienten[1] des elektrischen Potentials. Bildet man die zeitliche Ableitung des Gauß'schen Gesetzes Gl. (2.8) und setzt dieses in das Gesetz der Ladungserhaltung Gl. (2.10) ein, so ergibt sich die Bilanzgleichung

$$\operatorname{div} \left( \frac{\partial \vec{D}}{\partial t} + \vec{J} \right) = 0 \quad , \tag{2.12}$$

in der die Stromdichte der freien Ladungen $\vec{J}$ und der Verschiebungsstrom $\dot{\vec{D}}$ addiert werden. Die volumenspezifische Ladungsdichte $q^{\mathrm{F}}$ wurde eliminiert, kann jedoch entsprechend der Gl. (2.8) aus der dielektrischen Verschiebung berechnet werden. Der Zusammenhang zwischen dem elektrischen Strom und dem elektrischen Feld wird anhand konstitutiver Gleichungen (z.B. dem ohmschen Gesetz) wiedergegeben.

Betrachtet man die Ferroelektrika als idealen Nichtleiter, so wird der elektrische Strom bzw. die zeitliche Änderung der Ladungsdichte $q^{\mathrm{F}}$ vernachlässigt. Meist

---

[1]Das negative Vorzeichen tritt auf, weil das elektrische Feld vom positiven Potential in Richtung des negativen Potentials weist. Der Gradienten-Operator zeigt allerdings in die umgekehrte Richtung.

werden Fremdladungen nicht berücksichtigt und damit vereinfachen sich die acht gekoppelten Differentialgleichungen (2.5)-(2.6) zu zwei skalaren Gleichungen

$$\operatorname{div}\vec{D} = 0 \qquad \text{und} \qquad \vec{E} = -\operatorname{grad}\varphi \quad . \tag{2.13}$$

Die Abhängigkeit des elektrischen Feldes vom negativen Gradienten des elektrischen Potentials wird in Analogie zur Beziehung zwischen Dehnung und Verschiebung in Gl. (2.1) als eine kinematische Beziehung betrachtet. Somit reduziert sich die Elektrostatik auf das Lösen einer Differenzialgleichung.

### 2.3.3 Thermodynamik der linearen Piezoelektrizität

Die in diesem Kapitel dargestellte lineare Thermodynamik von piezoelektrischen Festkörpern dient der Herleitung der piezoelektrischen Grundgleichungen und erklärt damit die elektromechanische Kopplung. Umfassender ist die Thermodynamik der Piezoelektrizität in den Arbeiten von [20, 34, 67] dargestellt. Insbesondere wird in diesen Arbeiten die Thermodynamik unter Berücksichtigung der elektromagnetischen Kopplung bei großen Deformationen hergeleitet. Ausgangspunkt ist der erste Hauptsatz der Thermodynamik, d.h.

$$dU = dW + dQ \quad , \tag{2.14}$$

der die Bilanz zwischen der inneren Energie $U$ eines Systems mit der Summe aus der zugeführten Wärmemenge $Q$ und der verrichteten Arbeit $W$ beschreibt. Die Arbeit $W$ wird in einen mechanischen Anteil $W^{\text{mech}}$ und in einen elektrischen Anteil $W^{\text{el}}$ zerlegt:

$$dU = \overbrace{\boldsymbol{\sigma} : d\mathbf{S}}^{dW^{\text{mech}}} + \overbrace{\vec{E}\cdot d\vec{D} + \vec{E}\cdot\vec{J}}^{dW^{\text{el}}} - \overbrace{\operatorname{div}\vec{q} + \rho r}^{dQ} \quad . \tag{2.15}$$

Die Änderung der Wärmemenge ergibt sich aus der Wärmezufuhr $\rho r$ und dem Wärmeflussvektor $\vec{q}$. Wie auch bei der Herleitung der Bilanzgleichungen in Kap. 2.3 werden elektromagnetische Kräfte und die ponderomotorische Kraft nicht berücksichtigt. Die Clausius-Duhem-Ungleichung

$$\rho\frac{d\eta}{dt} + \operatorname{div}\left(\frac{\vec{q}}{\Theta}\right) - \rho\frac{r}{\Theta} \geq 0 \tag{2.16}$$

ist eine lokale Darstellungsweise des zweiten Hauptsatzes der Thermodynamik mit der absoluten Temperatur $\Theta$ und der volumenspezifischen Entropie $\rho\eta$. Mit

Hilfe der Legendre-Transformation

$$F = U - \rho\eta\Theta \qquad (2.17)$$

wird die Freie-Energie-Funktion $F$ aus der inneren Energie $U$ abgeleitet. Durch Einsetzen von Gl. (2.17) und Gl. (2.15) in die Clausius-Duhem-Ungleichung Gl. (2.16) ergibt sich

$$-dF + \sigma : dS + \vec{E}\cdot d\vec{D} + \vec{E}\cdot\vec{J} - \rho\eta\cdot d\Theta \geq 0 \quad . \qquad (2.18)$$

Die Theorie der Thermopiezoelektrizität wird in [28] fortgeführt. Wir beschränken uns auf adiabate Systeme und isotherme Prozesse. Folglich ist die Temperaturverteilung $\Theta(x, t)$ konstant, d.h. die zeitliche Änderung $d\Theta = 0$. Die freie Energie $F$ kann als eine Funktion von den unabhängigen Variablen $S$ und $\vec{D}$ definiert werden:

$$F = \hat{F}(S, \vec{D}) \qquad ,\text{mit} \qquad dF = \left.\frac{\partial\hat{F}}{\partial S}\right|_{\vec{D}} dS + \left.\frac{\partial\hat{F}}{\partial\vec{D}}\right|_{S} d\vec{D} \quad . \qquad (2.19)$$

Durch das Einsetzen der Differentialgleichung (2.19) in die Clausius-Duhem-Ungleichung Gl. (2.18),

$$\left(\sigma - \left.\frac{\partial\hat{F}}{\partial S}\right|_{\vec{D}}\right) dS + \left(\vec{E} - \left.\frac{\partial\hat{F}}{\partial\vec{D}}\right|_{S}\right) d\vec{D} + \vec{E}\cdot\vec{J} \geq 0 \quad , \qquad (2.20)$$

ergibt sich die Definition der abhängigen Variablen, der mechanischen Spannung und des elektrischen Feldes, mit

$$\sigma = \left.\frac{\partial\hat{F}}{\partial S}\right|_{\vec{D}} \qquad , \qquad \vec{E} = \left.\frac{\partial\hat{F}}{\partial\vec{D}}\right|_{S} \quad . \qquad (2.21)$$

Die tiefgestellten Größen kennzeichnen dabei die jeweils bei der Differentiation konstant gehaltenen Variablen. Des Weiteren muss die Bedingung

$$\vec{E}\cdot\vec{J} \geq 0 \qquad (2.22)$$

durch die konstitutiven Gleichungen erfüllt werden. Der elektrische Strom kann durch das ohmsche Gesetz

$$\vec{J} = \boldsymbol{\Omega}\cdot\vec{E} \qquad (2.23)$$

berechnet werden. Dieser Tensor $\mathbf{\Omega}$ kann im einfachsten Fall isotrop, durch

$$\mathbf{\Omega} = \Omega \cdot \boldsymbol{I} \tag{2.24}$$

mit dem spezifischen elektrischen Widerstand $\Omega$ aufgebaut werden. Das totale Differential der abhängigen Variablen in Gl. (2.21), die als thermodynamische Zustandsgrößen bezeichnet werden,

$$d\boldsymbol{\sigma} = \left.\frac{\partial^2 \hat{F}}{\partial S \partial S}\right|_{\vec{D}} dS + \left.\frac{\partial^2 \hat{F}}{\partial S \partial \vec{D}}\right|_{S} d\vec{D} = \left.\frac{\partial \sigma}{\partial S}\right|_{\vec{D}} dS + \left.\frac{\partial \sigma}{\partial \vec{D}}\right|_{S} d\vec{D} \tag{2.25}$$

$$d\vec{E} = \left.\frac{\partial^2 \hat{F}}{\partial \vec{D} \partial S}\right|_{\vec{D}} dS + \left.\frac{\partial \hat{F}}{\partial \vec{D} \partial \vec{D}}\right|_{S} d\vec{D} = \left.\frac{\partial \vec{E}}{\partial S}\right|_{\vec{D}} dS + \left.\frac{\partial \vec{E}}{\partial \vec{D}}\right|_{S} d\vec{D} \tag{2.26}$$

ergibt die allgemeine Form der reversiblen konstitutiven Gleichungen. Durch die Definition der Materialtensoren

$$\mathbb{C}^{D} = \left.\frac{\partial^2 \hat{F}}{\partial S \partial S}\right|_{\vec{D}} = \left.\frac{\partial \sigma}{\partial S}\right|_{\vec{D}} \tag{2.27}$$

$$\mathbb{h} = -\left.\frac{\partial^2 \hat{F}}{\partial \vec{D} \partial S}\right|_{\vec{D}} = -\left.\frac{\partial \vec{E}}{\partial S}\right|_{\vec{D}} \tag{2.28}$$

$$\boldsymbol{\beta} = \left.\frac{\partial^2 \hat{F}}{\partial \vec{D} \partial \vec{D}}\right|_{S} = \left.\frac{\partial \vec{E}}{\partial \vec{D}}\right|_{S} \tag{2.29}$$

erhält man für konstante Tensoren die linearen piezoelektrischen Gleichungen

$$\boldsymbol{\sigma} = \mathbb{C}^{D} : \boldsymbol{S} - \mathbb{h} \cdot \vec{D} \tag{2.30}$$

$$\vec{E} = -\mathbb{h}^{T} : \boldsymbol{S} + \boldsymbol{\beta} \cdot \vec{D} \ . \tag{2.31}$$

Der Tensor vierter Stufe $\mathbb{C}^{D}$ ist der Elastizitätstensor bei konstanter dielektrischer Verschiebung und $\beta$ bezeichnet den zweistufigen Impermittivitätstensor bei konstanter Verzerrung. Das piezoelektrische Modul $\mathbb{h}$, ein Tensor dritter Stufe, beschreibt die Kopplung zwischen elektrischem und mechanischem Materialverhalten. Die Symmetrie der Materialtensoren ergibt sich aus der Vertauschbarkeit der partiellen Differentiationen in Gl. (2.27) bis Gl. (2.29), d.h.

$$C^{D}_{ijkl} = C^{D}_{klij} \quad , \quad h_{ijk} = h_{kij} \quad , \quad \beta_{ij} = \beta_{ji} \quad . \tag{2.32}$$

Des Weiteren lässt sich

$$C_{ijkl}^{D} = C_{jikl}^{D} \quad , \quad h_{ijk} = h_{jik} \tag{2.33}$$

aus der Symmetrie von Dehnungstensor und Spannungstensor ableiten. Im allgemeinsten Fall ergeben sich somit 21 elastische, 18 piezoelektrische und 6 dielektrische Konstanten. Die Anzahl der Konstanten lässt sich durch die Ausnutzung von Symmetrien innerhalb der Kristallstruktur maßgeblich reduzieren. Die einfachste Darstellung der elektromechanisch gekoppelten inneren Energie hat eine quadratische Form

$$\hat{F} = \frac{1}{2}S : \mathbb{C}^{D} : S - \mathbb{h} \cdot \vec{D} : S + \frac{1}{2}\vec{D} \cdot \boldsymbol{\beta} \cdot \vec{D} \tag{2.34}$$

und durch Einsetzen der piezoelektrischen Gleichungen entsprechend Gl. (2.30) und Gl. (2.31) ergibt sich:

$$\hat{F} = \frac{1}{2}\left(\sigma : S + \vec{E} \cdot \vec{D}\right) \quad . \tag{2.35}$$

Für experimentelle Untersuchungen ist das elektrische Feld als unabhängige Variable meist leichter messbar bzw. regelbar. Auch für die Lösung des elektromechanischen Problems im Rahmen der Finite-Elemente-Methode kann die Anzahl der Freiheitsgrade reduziert werden, wenn das elektrische Feld als unabhängige Variable definiert wird. Mit Hilfe der Legendre-Transformation können die unabhängigen Variablen $(S,\vec{E})$, $(S,\vec{D})$, $(\sigma,\vec{E})$ und $(\sigma,\vec{D})$ getauscht werden. Hieraus ergeben sich die entsprechenden Energiepotentiale. Aus der Gibbs'schen freien Enthalpie

$$G = F - \vec{E} \cdot \vec{D} \tag{2.36}$$

lässt sich die sogenannte „e-Form" der piezoelektrischen Gleichungen entsprechend

$$\vec{D} = e^{T} : S + \overbrace{\boldsymbol{\beta}^{-1}}^{\kappa} \cdot \vec{E} \tag{2.37}$$

$$\sigma = \underbrace{\left[\mathbb{C}^{D} - \mathbb{h}^{T} \cdot \boldsymbol{\beta}^{-1} \cdot \mathbb{h}\right]}_{\mathbb{C}} : S - \underbrace{\left[\boldsymbol{\beta}^{-1} \cdot \mathbb{h}\right]}_{e} \cdot \vec{E} \tag{2.38}$$

mit der mechanischen Dehnung und dem elektrischen Feld als freie Zustandsvariablen ableiten. Die „d-Form" der piezoelektrischen Gleichungen

$$\vec{D} = \mathbb{d} : \sigma + \overbrace{\left[\kappa + \mathbb{e} : \mathbb{C}^{-1} : \mathbb{e}^{T}\right]}^{\boldsymbol{\kappa}_{\sigma}} \vec{E} \tag{2.39}$$

$$S = \mathbb{C}^{-1} : \sigma + \underbrace{\left[\mathbb{C}^{-1} : \mathbb{e}^{T}\right]}_{\mathbb{d}^{T}} \cdot \vec{E} \tag{2.40}$$

kann auf Grund der intensiven[1] Größen auf der rechten Seite für den Vergleich unterschiedlich großer Systeme vorteilhaft sein. Dabei enthält Gl. (2.39) den direkten piezoelektrischen Effekt und Gl. (2.40) den indirekten Piezoeffekt. Insgesamt ergeben sich vier Darstellungsformen der piezoelektrischen Gleichungen und der thermodynamischen Potentiale, siehe [15, 43], die direkt ineinander überführt werden können.

---

[1]Bei unterschiedlicher Größe des betrachteten Systems ändern sich intensive Zustandsgrößen nicht.

# 3 Finite-Elemente-Formulierung

Mathematisch können viele physikalische Sachverhalte mit Hilfe von orts- und zeitabhängigen partiellen Differentialgleichungen beschrieben werden. Die Herleitung einer analytischen Lösung ist jedoch schon für einfachste Problemstellungen, wenn möglich, aufwendig und für eine komplexe Geometrie meist nicht möglich. Für die Lösung solcher Problemstellungen werden numerische Lösungsverfahren eingesetzt. Die wohl verbreitetste Methode ist die Finite-Elemente-Methode (FEM). Ursprünglich für die Lösung von strukturmechanischen Problemen entwickelt, ist diese Methode heute in nahezu jeden Bereich der Physik vorgedrungen. Umfangreiche Literatur ist verfügbar; empfehlenswert sind die vielzitierten Standardwerke [5, 89, 105].
Die Variationsformulierung des elektromechanischen Gleichgewichtes wird in Kap. 3.1 hergeleitet und in Kap. 3.2 wird auf die Lösung der Variationsformulierung im Rahmen der Finite-Elemente-Methode eingegangen.

## 3.1 Variationsformulierung des elektromechanischen Gleichgewichtes

Ausgangspunkt für die Finite-Elemente-Implementierung ist die Variationsformulierung des Randwertproblems. Das gekoppelte elektromechanische Problem wurde erstmals von [2] basierend auf einem vierknotigen Tetraeder-Element implementiert und damit das lineare piezoelektrische Verhalten modelliert. Diese Vorgehensweise ist immer noch die Grundlage für nahezu alle Implementierungen und wird deswegen in dieser Arbeit als „Standardformulierung" bezeichnet und in Kap. 3.1.1 hergeleitet. Die Ferroelektrika werden hierbei als perfekte Isolatoren betrachtet. Daraus resultieren die Freiheitsgrade des Verschiebungsvektors $\vec{u}$ und das skalare elektrische Potential $\varphi$. Diese Formulierung führt zu einer schlecht konditionierten Steifigkeitsmatrix in der FE-Methode. Um die sich daraus ergebenden numerischen Schwierigkeiten beim Lösen zu vermeiden, wird eine gestaffelte Lösungsmethode angewendet. Hierbei werden die jeweiligen Gleichgewichtsbedingungen getrennt voneinander gelöst, siehe z.B. [25]. Die Schmetterlingshysterese, vergl. Abb. 2.12, ist jedoch nur ein Beispiel für eine starke Kopplung zwischen den mechanischen und den elektrischen Größen, wenn ein nichtlineares Materialverhalten untersucht wird. Auf Grund dieser starken Kopplung ist ein gestaffeltes Lösungsverfahren nicht geeignet.

Das Lösen des elektromechanischen Gleichgewichts mit Hilfe von hybriden Elementformulierungen wird in [93] vorgestellt und für ein lineares Materialverhalten auf dessen Vorteile untersucht. Die Arbeit von [58] beschäftigt sich mit der Stabilität der Lösung der elektromechanischen Gleichgewichtsformulierung auch für ein nichtlineares Materialmodell. Es wird anhand eines iterativen Lösers gezeigt, dass für bestimmte Materialparameter die Lösung nicht stabil ist. Deshalb wird eine neue Formulierung mit Hilfe eines Vektorpotentials vorgeschlagen. In dieser Formulierung ist die Steifigkeitsmatrix positiv definit, d.h. die gespeicherte innere Energie für beliebige Kombinationen von Dehnungen und elektrischen Feldern ist immer größer null. Somit existiert für dieses Gleichungssystem ein globales Minimum, während für das Randwertproblem mit skalarem Potential die Lösung einen Sattelpunkt, siehe [71, 88], darstellt. In der Vektorpotential-Formulierung können die elektrischen Randbedingungen nicht wie im Experiment durch ein elektrisches Potential aufgebracht werden. Insbesondere für dreidimensionale Probleme führt dies zu Schwierigkeiten, siehe [24]. Ein Ausweg ist die Variationsformulierung von [27], welche zusätzlich zum Verschiebungsvektor $\vec{u}$, der dielektrischen Verschiebung $\vec{D}$ auch das elektrische Potential $\varphi$ als Freiheitsgrad hinzufügt. Diese Variationsformulierung wird in Kap. 3.1.2 vorgestellt. Somit können die Randbedingungen identisch zur Standardformulierung aufgebracht werden. In beiden Formulierungen [27, 58] wird das elektrische Feld nicht als negativer Gradient des elektrischen Potentials berechnet, sondern aus den konstitutiven Gleichungen. Die hybride Formulierung von [27] wird in der Dissertation von [55] verwendet, allerdings wird die dielektrische Verschiebung in einem nachfolgenden Schritt „kondensiert". Hierdurch bekommt man die gleiche Anzahl an Freiheitsgeraden wie in der Standardformulierung und nutzt andere konstitutive Beziehungen, wodurch das globale Problem andere Eigenschaften besitzt. In der Arbeit von [69] wird die hybride Formulierung von [27] für die Entwicklung von zuverlässigen piezoelektrischen Schalenelementen genutzt. Ziel dieser Arbeit ist es, die hybride Formulierung zu modifizieren und damit die elektrische Leitfähigkeit zu berücksichtigen. Diese Vorgehensweise, basierend auf der Arbeit von [35], wird in Kap. 3.1.3 dargestellt.

### 3.1.1 Standard-Variationsformulierung

Die hier vorgestellte Herleitung der Standard-Variationsformulierung folgt der kompakten Darstellung in [53, 55]. Grundlage hierfür sind die in Kap. 2.3 vorgestellten Feldgleichungen der Elektromechanik. Die starke Form des Randwertproblems ergibt sich aus dem statischen Fall der Impulserhaltung Gl. (2.2) und dem quasistatischen Gauß'sches Gesetz in Gl. (2.8) zu

$$\operatorname{div}\boldsymbol{\sigma} + \vec{f}^{B} = 0 \quad \text{und} \quad \operatorname{div}\vec{D} = q^{F} \quad .$$

(3.1)

Die mechanischen Randbedingungen können in der Form einer Spannungs- bzw Verschiebungsrandbedingung entsprechend

$$\vec{u} = \vec{u}^{S_u} \quad \text{auf} \quad S_u \quad , \quad \boldsymbol{\sigma}\cdot\vec{n} = \vec{f}^{S_f} \quad \text{auf} \quad S_f$$

(3.2)

auf den jeweiligen Rändern $S_u$ und $S_f$ aufgebracht werden. Analog ergeben sich die elektrischen Randbedingungen

$$\varphi = \varphi^{S_\varphi} \quad \text{auf} \quad S_\varphi \quad , \quad \vec{D}\cdot\vec{n} = -q^{S_q} \quad \text{auf} \quad S_q \quad ,$$

(3.3)

mit denen ein elektrisches Potential bzw. eine elektrische Ladung auf den entsprechenden Oberflächen $S_\varphi$ und $S_q$ definiert werden können. Die starke Form des Gleichgewichts in Gl. (3.1) wird im Rahmen eines Standard-Galerkin Verfahrens [5] mit Hilfe von geeigneten Testfunktionen, d.h. der virtuellen Verschiebung $\delta\vec{u}$ und dem virtuellen elektrischen Potential $\delta\varphi$, multipliziert und anschließend über das Volumen integriert:

$$\delta G^{\vec{u}} = \int_V \left(\operatorname{div}\boldsymbol{\sigma} + \vec{f}^{B}\right)\cdot\delta\vec{u}\,dV \quad \text{und} \quad \delta G^{\varphi} = \int_V \left(\operatorname{div}\vec{D} - q^{F}\right)\cdot\delta\varphi\,dV \quad .$$

(3.4)

Die schwache Form des Gleichgewichts

$$\delta G^{\vec{u}} = \int_V \boldsymbol{\sigma}:\delta\boldsymbol{S}\,dV - \int_V \vec{f}^{B}\cdot\delta\vec{u}\,dV - \int_{S_f} \vec{f}^{S_F}\cdot\delta\vec{u}\,dS_f = 0 \quad ,$$

$$\delta G^{\varphi} = -\int_V \vec{D}\cdot\delta\vec{E}\,dV + \int_V q^{F}\cdot\delta\varphi\,dV + \int_{S_q} q^{S_q}\cdot\delta\varphi\,dS_q = 0$$

(3.5)

entsteht aus Gl. (3.4) mit Hilfe des Gauß'schen Integralsatzes, des Cauchy-Theorems und der jeweiligen Randbedingungen. Die Abhängigkeiten der Dehnung vom Verschiebungsgradienten sowie des elektrischen Feldes vom Gradienten des elektrischen Potentials werden durch die kinematischen Beziehungen in Gl. (2.1) und Gl. (2.11) bestimmt. Die Variation dieser Größen ergibt

$$\delta\vec{E} = -\operatorname{grad}\delta\varphi \quad , \quad \delta\boldsymbol{S} = \frac{1}{2}\left(\operatorname{grad}\delta\vec{u} + (\operatorname{grad}\delta\vec{u})^{T}\right) \quad .$$

(3.6)

Exisitiert ein Gesamtpotential, kann alternativ die schwache Form aus der Variation dieses Potentials hergeleitet werden. Das Gesamtpotential

$$\Pi = \Pi^{\mathrm{i}} - \Pi^{\mathrm{a}} \tag{3.7}$$

entspricht der Differenz aus dem inneren Potential $\Pi^{\mathrm{i}}$ und dem äußeren Potential $\Pi^{\mathrm{a}}$. Es wird diejenige Lösung gesucht, bei der die erste Variation $\delta()$ des Gesamtpotentials verschwindet. Dies entspricht einem stationären Minimum, Maximum oder einem Sattelpunkt des Gesamtpotentials. Die Variation des äußeren Potentials ergibt sich aus der Summe der Volumenlasten und der Oberflächenlasten entsprechend

$$\delta\Pi^{\mathrm{a}} = \int_V \vec{f}^{B} \cdot \delta\vec{u}\, dV + \int_{S_f} \vec{f}^{S_F} \cdot \delta\vec{u}\, dS_f - \int_V q^{\mathrm{F}} \cdot \delta\varphi\, dV - \int_{S_q} q^{S_q} \cdot \delta\varphi\, dS_q \ \ . \tag{3.8}$$

Für die Standard-Variationsformulierung stellt die Gibbs'sche freie Enthalpie in Gl. (2.36) mit $G = \hat{G}(S,\vec{E})$ das innere Potential dar. Die Variation der Gibbs'schen freien Enthalpie nach den unabhängigen Variablen $(S,\vec{E})$ ergibt

$$\delta\Pi^{\mathrm{i}} = \delta G = \int_V \boldsymbol{\sigma} : \delta S - \vec{D} \cdot \delta\vec{E}\, dV \ \ . \tag{3.9}$$

Man erhält die Standard-Variationsformulierung für das elektromechanische Gleichgewicht durch Einsetzen der Gl. (3.8) und Gl. (3.9) in Gl. (3.7):

$$\delta\Pi = \int_V \boldsymbol{\sigma} : \delta S\, dV - \int_V \vec{f}^{B} \cdot \delta\vec{u}\, dV - \int_{S_f} \vec{f}^{S_F} \cdot \delta\vec{u}\, dS_f$$

$$- \int_V \vec{D} \cdot \delta\vec{E}\, dV + \int_V q^{\mathrm{F}} \cdot \delta\varphi\, dV + \int_{S_q} q^{S_q} \cdot \delta\varphi\, dS_q = 0 \ \ . \tag{3.10}$$

Existieren ein solches Gesamtpotential und die Ableitungen in Gl. (2.21), führen beide Vorgehensweisen zu der gleichen schwachen Form mit $\delta\Pi = \delta G^{\varphi} + \delta G^{\varphi}$.

## 3.1.2 Hybride Variationsformulierung für einen Isolator

Unter dem Begriff „Hybride-Formulierung[1]" versteht man allgemein die Vorgehensweise, funktionelle Abhängigkeiten direkt in der Gleichgewichtsbedingung zu berücksichtigen, [78]. Im Bereich der Metallplastizität könnte dies

---

[1]Die Begrifflichkeit ist in der Literatur nicht eindeutig. Teilweise wird auch der Begriff „Mehrfeldformulierung" verwendet.

z.B. die Bedingung der Volumenerhaltung bei der plastischen Verformung sein. Meist finden sich hybride Elementformulierungen auch in Schalenelementen. Hierdurch können Verformungszustände, z.B. in Dickenrichtung, genauer approximiert werden. Die in dieser Arbeit verwendete Formulierung wird in der Arbeit von [27] vorgestellt. Mit Hilfe eines Lagrange-Multiplikators $\lambda$ wird in die Standard-Variationsformulierung die Bedingung $\vec{E} = -\mathrm{grad}\,\varphi$ eingearbeitet:

$$\Pi^{\mathrm{Hy}}\left(\vec{u}, \varphi, \vec{E}, \vec{\lambda}\right) := \Pi + \vec{\lambda}\left(\vec{E} + \mathrm{grad}\,\varphi\right) \quad . \tag{3.11}$$

Der Lagrange-Multiplikator wird im Anhang A als die dielektrische Verschiebung identifiziert. Es ergibt sich die hybride Gleichgewichtsbedingung in der schwachen Form:

$$\begin{aligned}
\delta\Pi^{\mathrm{Hy}} = &\int_V \boldsymbol{\sigma} : \delta\boldsymbol{S}\,dV - \int_V \vec{f}^B \cdot \delta\vec{u}\,dV - \int_{S_f} \vec{f}^{S_f} \cdot \delta\vec{u}\,dS_f \\
&+ \int_V \vec{D} \cdot \mathrm{grad}\,\delta\varphi\,dV + \int_V q^{\mathrm{F}} \cdot \delta\varphi\,dV + \int_{S_q} q^{S_q} \cdot \delta\varphi\,dS_q \\
&+ \int_V \left(\vec{E} + \mathrm{grad}\,\varphi\right) \cdot \delta\vec{D}\,dV = 0 \quad .
\end{aligned} \tag{3.12}$$

Im Vergleich zur Standardformulierung in Gl. (3.10) ergeben sich keine Änderungen bezüglich der elektrischen und der mechanischen Randbedingungen. Die funktionale Abhängigkeit des elektrischen Feldes vom negativen Gradienten des elektrischen Potenzials wird nun im Rahmen der Genauigkeit der Finite-Elemente-Methode in der schwachen Form erfüllt.
Das elektrische Feld wird in dieser Formulierung mit Hilfe der konstitutiven Gleichungen bestimmt. Die Berechnung der mechanischen Spannung und des elektrischen Feldes erfolgt im linearen Fall mit den piezoelektrischen Gleichungen in der „h-Form" (siehe Gl. (2.30) und Gl. (2.31)). Die dielektrische Verschiebung ist als zusätzlicher Freiheitsgrad in der hybriden Elementformulierung direkt verfügbar.

### 3.1.3 Hybride Variationsformulierung für einen Halbleiter

Die Implementierung der elektrischen Leitfähigkeit für hochohmige Ferroelektrika wurde in der Arbeit von [35] vorgestellt. Hierfür wurde die hybride Variationsformulierung verwendet. Durch Berücksichtigung der Ladungserhaltung und der Fremdladungen, vergl. Kap. 2.3.2, verändert sich die elektrische Gleichgewichtsbeziehung in Gl. (2.12). Durch Multiplikation mit der Testfunktion $\delta\varphi$

und durch Integration über das Volumen ergibt sich entsprechend

$$\int_V \mathrm{div}\left(\frac{\partial \vec{D}}{\partial t} + \vec{J}\right) \cdot \delta\varphi \, dV = 0 \qquad (3.13)$$

die schwache Form der Ladungserhaltung. Durch Anwendung der Kettenregel und des Gauß'schen Integralsatzes ergibt sich die schwache Form

$$-\int_V \left(\frac{\partial \vec{D}}{\partial t} + \vec{J}\right) \cdot \mathrm{grad}\,\delta\varphi \, dV \; + \int_S J^{S_q} \cdot \delta\varphi^{S_q}\, dS \; = 0 \quad . \qquad (3.14)$$

Dabei gelten auf den Rändern $S_\varphi$ und $S_q$ die Randbedingungen

$$\varphi = \varphi^{S_\varphi} \quad \text{auf} \quad S_\varphi \quad , \quad \left(\dot{\vec{D}} + \vec{J}\right)\cdot \vec{n} = J^{S_q} \quad \text{auf} \quad S_q \quad . \qquad (3.15)$$

Addiert man die schwache Form der Impulserhaltung, siehe Gl. (2.2), und die schwache Form des Faraday'schen Gesetzes, siehe Gl. (2.9), gibt sich die schwache Form $\delta\Pi^{\mathrm{HyL}}$ unter Berücksichtigung der Ladungserhaltung als

$$\delta\Pi^{\mathrm{HyL}} := \int_V \boldsymbol{\sigma}:\delta S\, dV \; - \int_V \vec{f}^B \cdot \delta\vec{u}\, dV \; - \int_{S_f} \vec{f}^{S_f}\cdot \delta\vec{u}\, dS_f$$

$$-\int_V \left(\frac{\partial \vec{D}}{\partial t} + \vec{J}\right)\cdot \mathrm{grad}\,\delta\varphi\, dV \; + \int_S J^{S_q}\cdot \delta\varphi^{S_q}\, dS$$

$$+\int_V \left(\vec{E} + \mathrm{grad}\,\varphi\right)\cdot \delta\vec{D}\, dV \; = 0 \quad . \qquad (3.16)$$

Durch die Berücksichtigung des elektrischen Stroms $\vec{J}$ und der zeitlichen Änderung der dielektrischen Verschiebung $\dot{\vec{D}}$ ist diese Formulierung geschwindigkeitsabhängig. Die Anzahl der Freiheitsgrade ist identisch mit der hybriden Formulierung für den Nichtleiter.

## 3.2 Lösungsverfahren

Das Lösen der Variationsformulierung mit Hilfe der Finite-Elemente-Methode entspricht im Wesentlichen einer standardisierten Vorgehensweise. Diese wird kurz für die unterschiedlichen Variationsformulierungen in Kap. 3.2.1 vorgestellt. Das Minimum des Gesamtpotentials wird im nichtlinearen Fall mit Hilfe eines Newton-Verfahrens berechnet, das zu einem linearen Gleichungssystem

$$K \cdot u = R \qquad (3.17)$$

führt, mit der Gesamtsteifigkeitsmatrix $K$, dem Vektor der unbekannten Funktionswerte $u$ (z.B. Verschiebungen $\vec{u}$) und dem Residuum-Vektor $R$ (z.B. Volumenkraft $\vec{f}^B$). Das Konvergenzverhalten des Newton-Verfahrens wird maßgeblich durch die Tangentenmatrix $K$ beeinflusst. Deshalb wird in Kap. 3.2.2 auf die Berechnung der Tangente eingegangen. Ein weiterer Aspekt ist eine effiziente Steuerung der Zeitschrittweite, siehe Kap. 3.2.3. Diese kann für alle hier vorgestellten Variationsformulierungen angewendet werden, da für eine korrekte Wiedergabe des nichtlinearen Materialverhaltens die Belastungsgeschichte zerlegt wird. Zusätzlich wird in Kap. 3.2.4 ein Benchmark für verschiedene Gleichungslöser vorgestellt.

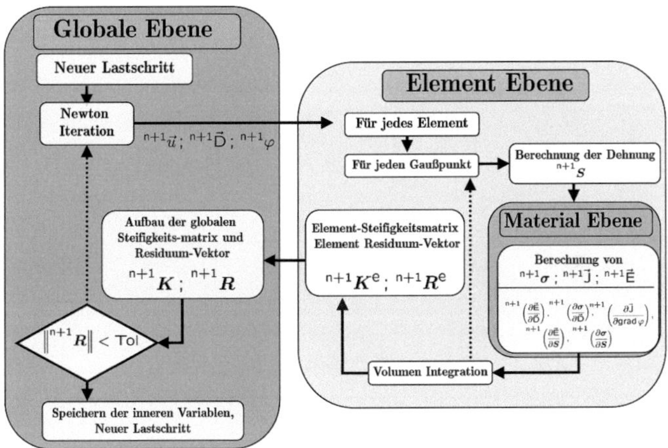



**Abb. 3.1:** Schematische Darstellung des FEM Lösungsverfahrens für die hybride Elementformulierung unter Berücksichtigung der elektrischen Leitfähigkeit.

Grundsätzlich lässt sich das Lösungsverfahren in drei Ebenen unterteilen. In Abb. 3.1 ist dies exemplarisch für das hybride Element unter Berücksichtigung der Leitfähigkeit dargestellt. Auf der globalen Ebene erfolgt die Newton-Iteration sowie der Aufbau der gesamten Steifigkeitsmatrix und des Residuum-

Vektors unter der Berücksichtigung von Randbedingungen. Auf der Elementebene finden die Volumenintegration sowie die Inter- und Extrapolation zwischen Knoten zu Gaußpunkten statt. Die Beschreibung des Materialverhaltens und damit der Zusammenhang zwischen abhängigen und unabhängigen Größen, wird auf der Materialebene durchgeführt.

### 3.2.1 Elementformulierung

Die Finite-Elemente-Methode basiert auf der Diskretisierung eines Gebietes $V_0$ in endlich viele Teilgebiete $V_0 = \cup_{e=1}^{e=noel} V_e$. Dabei ist „noel" die Anzahl der Elemente mit einer definierten geometrischen Form. Die Geometrie sowie die Inter- bzw. Extrapolation von Feldgrößen wird mit Formfunktionen beschrieben. Meist werden Formfunktionen basierend auf Polynomen angewendet. Diese haben die Eigenschaft, am zugehörigen Knoten den Wert eins anzunehmen und an allen übrigen Knoten den Wert null. Im Rahmen dieser Arbeit wurden 3D-Hexaeder-Elemente mit 8, 20 und 27 Knoten sowie ein reduziert integriertes Element entwickelt. Für ein lineares Hexaeder-Element mit acht Knoten (nel = 8) ergibt sich die Formfunktion

$$N_I(\xi_I, \eta_I, \zeta_I) = \frac{1}{8}(1 + \xi_I\xi)(1 + \eta_I\eta)(1 + \zeta_I\zeta) \quad , \tag{3.18}$$

mit den lokalen Koordinaten $\xi, \eta, \zeta$ und dem Definitionsbereich $-1 \le \xi, \eta, \zeta \le +1$.

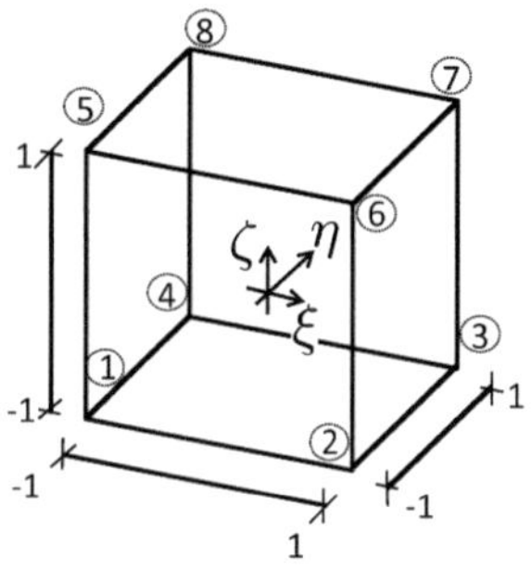


**Abb. 3.2:** 8-Knoten-Hexaeder-Element

Für das in Abb. 3.2 dargestellte acht Knoten Hexaeder-Element ergeben sich aus der Nummerierung der Elementknoten die Werte für $\xi_I, \eta_I, \zeta_I$:

$$\xi_I \in \{-1, \ 1, \ 1, -1, -1, \ 1, \ 1, -1\} \tag{3.19}$$

$$\eta_I \in \{-1, -1, \ 1, \ 1, -1, -1, \ 1, \ 1\} \tag{3.20}$$

$$\zeta_I \in \{-1, -1, -1, -1, \ 1, \ 1, \ 1, \ 1\} \tag{3.21}$$

Für eine kompakte Darstellungsweise der Finite-Elemente-Formulierung werden die Formfunktionen in Matrizen sortiert:

$$\mathbf{N}^u = \mathbf{N}^D = \begin{vmatrix} N_1 & 0 & 0 & N_2 & 0 & 0 & \dots & N_{\mathrm{nel}} & 0 & 0 \\ 0 & N_1 & 0 & 0 & N_2 & 0 & \dots & 0 & N_{\mathrm{nel}} & 0 \\ 0 & 0 & N_1 & 0 & 0 & N_2 & \dots & 0 & 0 & N_{\mathrm{nel}} \end{vmatrix} \tag{3.22}$$

$$\mathbf{N}^\varphi = [N_1, N_2, \dots, N_{\mathrm{nel}}] \quad . \tag{3.23}$$

Die Größen an den Elementknoten

$$\mathrm{D_k} = \left[ \mathrm{D}_{x1}, \mathrm{D}_{y1}, \mathrm{D}_{z1}, \mathrm{D}_{x2}, \mathrm{D}_{y2}, \dots \mathrm{D}_{z\mathrm{nel}} \right]^T \tag{3.24}$$

$$\mathrm{u_k} = \left[ \mathrm{u}_{x1}, \mathrm{u}_{y1}, \mathrm{u}_{z1}, \mathrm{u}_{x2}, \mathrm{u}_{y2}, \dots \mathrm{u}_{z\mathrm{nel}} \right]^T \tag{3.25}$$

$$\varphi_k = \left[ \varphi_1, \varphi_2, \varphi_3, \dots, \varphi_{\mathrm{nel}} \right]^T \tag{3.26}$$

werden in den Matrizen $\mathrm{D_k}, \mathrm{u_k}, \varphi_k$ gespeichert. Die Verschiebungen $\vec{u}$, das skalare elektrische Potential $\varphi$ sowie die dielektrische Verschiebung $\vec{D}$ werden durch diskrete elektrische Knotenverschiebungen und durch diskrete elektrische Potentiale an den Knoten (Index k) approximiert:

$$\vec{X}_e \approx X_k \mathbf{N}^u \ , \quad \vec{u}_e \approx \mathrm{u_k} \mathbf{N}^u \tag{3.27}$$

$$\varphi_e \approx \varphi_k \mathbf{N}^\varphi \ , \quad \vec{D}_e \approx \mathrm{D_k} \mathbf{N}^D \quad . \tag{3.28}$$

Im Rahmen des isoparametrischen Konzeptes werden für diese Abbildungen die identischen Formfunktionen verwendet. Hierdurch ist gewährleistet, dass Spannungs- und Verzerrungszustände auch für eine verzerrte Netzgeometrie richtig wiedergegeben werden können. Dies wird mit dem sogenannten „Patch-test " überprüft. Ergebnisse für die entwickelten Elementtypen sind im Anhang C dargestellt. Durch die Definition der Differentialoperatoren

$$\mathbf{L}^{\varphi} = \begin{pmatrix} \frac{\partial}{\partial x} \\[2mm] \frac{\partial}{\partial y} \\[2mm] \frac{\partial}{\partial z} \end{pmatrix} , \mathbf{L}^{\mathrm{u}} = \begin{pmatrix} \frac{\partial}{\partial x} & 0 & 0 & \frac{\partial}{\partial y} & \frac{\partial}{\partial z} & 0 \\[2mm] 0 & \frac{\partial}{\partial y} & 0 & \frac{\partial}{\partial x} & 0 & \frac{\partial}{\partial z} \\[2mm] 0 & 0 & \frac{\partial}{\partial z} & 0 & \frac{\partial}{\partial x} & \frac{\partial}{\partial y} \end{pmatrix}^{T} \tag{3.29}$$

werden die sogenannten B-Matrizen $\mathbf{B}^{\varphi} = \mathbf{L}^{\varphi}\mathbf{N}^{\varphi}$ und $\mathbf{B}^{\mathrm{u}} = \mathbf{L}^{\mathrm{u}}\mathbf{N}^{\mathrm{u}}$ aufgebaut. Durch die Sortierung der Ableitungen im Differential-Operator $\mathbf{L}^{\mathrm{u}}$ wird auch die Sortierung der Voigt-Notation vorgegeben. Für den Dehnungstensor $S$ ergibt sich aus Gl. (3.29) folgender Aufbau: $S = \left(S_{xx}, S_{yy}, S_{zz}, 2S_{xy}, 2S_{xz}, 2S_{yz}\right)$. Auf Grund der Multiplikation der Schubanteile mit dem Faktor zwei ist der Elastizitätstensor $\mathbb{C}$ symmetrisch. Weitere Besonderheiten ergeben sich für den piezoelektrischen Kopplungstensor, siehe z.B. im Anhang von [23]. Entsprechend der B-Matrizen können der Dehnungstensor $S$ und der Gradient des elektrischen Potentials

$$\operatorname{grad}\varphi \approx \varphi_{\mathrm{k}}\mathbf{B}^{\varphi} \quad \text{und} \quad S \approx \mathrm{u}_{\mathrm{k}}\mathbf{B}^{\mathrm{u}} \tag{3.30}$$

aus den Knotengrößen bestimmt werden.

**Standard Elementformulierung**

Die Standardformulierung des elektromechanischen Gleichgewichtes in Gl. (3.10) kann mit Hilfe der Testfunktionen $\delta\vec{u}$ und $\delta\varphi$ für die Implementierung in die Finite-Elemente-Umgebung umgeschrieben werden:

$$\begin{aligned} \delta G \approx &\ \delta\vec{\mathrm{u}}_{\mathrm{k}}^{T}\left(\int_{V}[\mathbf{B}^{\mathrm{u}}]^{T}\boldsymbol{\sigma}\,dV - \int_{V}[\mathbf{N}^{\mathrm{u}}]^{T}\vec{f}^{B}\,dV - \int_{S_f}[\mathbf{N}^{\mathrm{u}}]^{T}\vec{f}^{S_f}\,dS_f\right) \\ &+ \delta\varphi_{\mathrm{k}}^{T}\left(\int_{V}[\mathbf{B}^{\varphi}]^{T}\vec{\mathrm{D}}\,dV + \int_{V}[\mathbf{N}^{\varphi}]^{T}q^{\mathrm{F}}\,dV + \int_{S_q}[\mathbf{N}^{\varphi}]^{T}q^{S_q}\,dS_q\right) = 0 \quad . \end{aligned} \tag{3.31}$$

Ist das zu Grunde liegende Stoffgesetz nichtlinear, so wird für die Lösung der Gl. (3.31) ein Newton-Verfahren angewendet. Durch die Linearisierung der Variationsformulierung erhält man ein Gleichungssystem mit der Form $K \cdot u = R$. Die Jacobi-Matrix (Tangenten-Matrix) $K$ kann in vier Teile zerlegt werden, d.h.

$$[K^{\mathrm{uu}}] = \int_V [\mathbf{B}^{\mathrm{u}}]^T \left[\frac{\partial \boldsymbol{\sigma}}{\partial S}\right] [\mathbf{B}^{\mathrm{u}}]\, dV \quad , \quad [K^{\mathrm{u}\varphi}] = \int_V [\mathbf{B}^{\mathrm{u}}]^T \left[\frac{\partial \boldsymbol{\sigma}}{\partial \vec{\mathrm{E}}}\right] [\mathbf{B}^{\varphi}]\, dV \quad ,$$

$$[K^{\varphi \mathrm{u}}] = \int_V [\mathbf{B}^{\varphi}]^T \left[\frac{\partial \vec{\mathrm{D}}}{\partial S}\right] [\mathbf{B}^{\mathrm{u}}]\, dV \quad , \quad [K^{\varphi\varphi}] = \int_V [\mathbf{B}^{\varphi}]^T \left[\frac{\partial \vec{\mathrm{D}}}{\partial \vec{\mathrm{E}}}\right] [\mathbf{B}^{\varphi}]\, dV \quad , \quad (3.32)$$

welche die partiellen Ableitungen der abhängigen Variablen nach den unabhängigen Variablen enthalten. Werden diese direkt aus der Ableitung der Berechnungsvorschrift für die abhängigen Variablen gewonnen, so bezeichnet man diese als „konsistente" Tangentenoperatoren. Für die rechte Seite $\vec{R}$ ergibt sich

$$[f^{\mathrm{u}}] = \int_V [\mathbf{B}^{\mathrm{u}}]^T \boldsymbol{\sigma}\, dV \;+\; \int_V [\mathbf{N}^{\mathrm{u}}]^T f^B\, dV \;+\; \int_{S_f} [\mathbf{N}^{\mathrm{u}}]^T f^{S_f}\, dS_f$$

$$[f^{\varphi}] = \int_V [\mathbf{B}^{\varphi}]^T \vec{\mathrm{D}}\, dV \;-\; \int_V [\mathbf{N}^{\varphi}]^T q^{\mathrm{F}}\, dV \;-\; \int_{S_q} [\mathbf{N}^{\varphi}]^T q^{S_q}\, dS_q$$

unter Berücksichtigung der externen Belastungen und der inneren Beiträge. Die Element-Steifigkeitsmatrix $K^{\mathrm{e}}$ kann somit in kompakter Form

$$\underbrace{\begin{pmatrix} K^{\mathrm{uu}} & K^{\mathrm{u}\varphi} \\ K^{\varphi \mathrm{u}} & K^{\varphi\varphi} \end{pmatrix}}_{K^{\mathrm{e}}} \underbrace{\begin{pmatrix} \varDelta \mathrm{u_k} \\ \varDelta \varphi_{\mathrm{k}} \end{pmatrix}}_{u^{\mathrm{e}}} = \underbrace{\begin{pmatrix} f^{\mathrm{u}} \\ f^{\varphi} \end{pmatrix}}_{R^{\mathrm{e}}} \qquad (3.33)$$

dargestellt werden. Die in Gl. (3.33) dargestellte Steifigkeitsmatrix ist wegen des Zusammenhangs $K^{\mathrm{u}\varphi} = -K^{\varphi \mathrm{u}}$ nicht symmetrisch. Durch die Multiplikation der zweiten Zeile mit dem Faktor minus eins wird eine symmetrische Steifigkeitsmatrix erreicht, was den Speicheraufwand für das Lösen des Systems reduziert. Des Weiteren ist die Kondition der Steifigkeitsmatrix unter Verwendung von Standard-SI-Einheiten nicht gut. Die Kondition ist eine Möglichkeit, die Lösbarkeit eines linearen Gleichungssystems zu bewerten, siehe [33] und Anhang B. Durch eine Skalierung mit dem Parameter $\alpha$ entsprechend

$$\begin{pmatrix} K^{\mathrm{uu}} & \alpha \cdot K^{\mathrm{u}\varphi} \\ \alpha \cdot K^{\varphi \mathrm{u}} & \alpha^2 \cdot K^{\varphi\varphi} \end{pmatrix} \begin{pmatrix} \varDelta \mathrm{u_k} \\ \varDelta \varphi_{\mathrm{k}}/\alpha \end{pmatrix} = \begin{pmatrix} f^{\mathrm{u}} \\ f^{\varphi} \cdot \alpha \end{pmatrix} , \qquad (3.34)$$

siehe [26], kann die Kondition verringert und damit signifikant verbessert werden. Dies entspricht einer Änderung des Einheitensystems, wie es in der Arbeit von [60] vorgeschlagen wird.

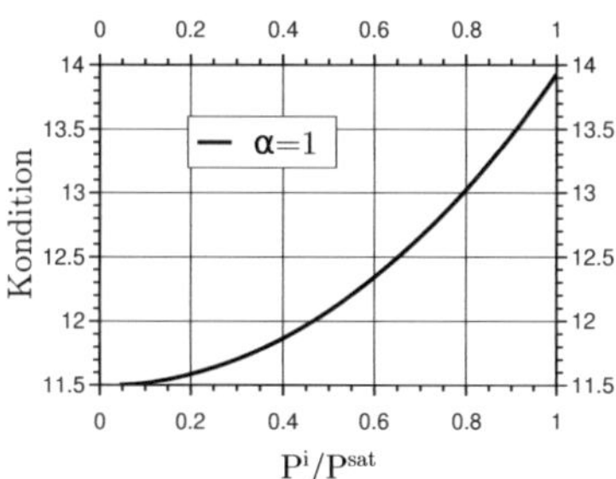



**Abb. 3.3:** Standard Elementformulierung: Konditionierung der Steifigkeitsmatrix für $\alpha = 1$ in Abhängigkeit von der remanenten Polarisation.

Bei einem nichtlinearen Materialmodell sind die Ableitungen nicht konstant und somit auch die Kondition der Steifigkeitsmatrix. Berücksichtigt man nur eine lineare Abhängigkeit des piezoelektrischen Tensors von der remanenten Polarisation, siehe Gl. (4.13), und hält die restlichen Größen in den piezoelektrischen Gleichungen konstant, so ergibt sich der in Abb. 3.3 dargestellte Verlauf der Kondition der Materialmatrix in Abhängigkeit von der remanenten Polarisation. Der Aufbau der sogenannten Materialmatrix sowie die Berechnung der Kondition sind im Anhang B erläutert. Die Materialparameter sind in Tab. 4.1 angegeben und das Einheitensystem entspricht dem aus der Arbeit [60]. Es zeigt sich, dass das angepasste Einheitensystem nahezu optimal ist, da $\alpha$ im Fall einer minimalen Konditionierung der Materialmatrix mit $\alpha = 1.12$ kaum größer ist. Die Standard-Formulierung führt innerhalb einer Finite-Elemente-Implementierung zu einer nicht positiv definiten Element-Steifigkeitsmatrix. Dies kann sich insbesondere bei der Berücksichtigung eines nichtlinearen Stoffgesetzes negativ auf die Stabilität einer Rechnung auswirken, siehe [58].

### Hybride Elementformulierung für einen Isolator

In der hybriden Elementformulierung ist die dielektrische Verschiebung ein zusätzlicher Freiheitsgrad. Die Gleichgewichtsformulierung in (3.12) kann mit den Formfunktionen und deren Ableitungen in die Form

$$\delta G^{\mathrm{Hy}} \approx \delta \vec{\mathbf{u}}_{\mathrm{k}}^{T} \left( \int_{V} [\mathbf{B}^{\mathrm{u}}]^{T} \sigma \, dV \; - \; \int_{V} [\mathbf{N}^{\mathrm{u}}]^{T} \vec{f}^{B} \, dV \; - \; \int_{S_f} [\mathbf{N}^{\mathrm{u}}]^{T} \vec{f}^{S_f} \, dS_f \right)$$

$$+ \, \delta \varphi_{\mathrm{k}}^{T} \left( \int_{V} [\mathbf{B}^{\varphi}]^{T} \vec{\mathbf{D}} \, dV \; + \; \int_{V} [\mathbf{N}^{\varphi}]^{T} q^{\mathrm{F}} \, dV \; + \; \int_{S_q} [\mathbf{N}^{\varphi}]^{T} q^{S_q} \, dS_q \right)$$

$$+ \, \delta \vec{\mathbf{D}}_{\mathrm{k}}^{T} \left( \int_{V} [\mathbf{N}^{\mathrm{D}}]^{T} \left( \vec{\mathbf{E}} + \operatorname{grad} \varphi \right) \, dV \right) = 0 \tag{3.35}$$

überführt werden. Diese ermöglicht eine Implementierung in die FE-Methode.
Die numerische Lösung der Gleichung (3.35) mit Hilfe der Newton-Methode
ermöglicht es, ein nichtlineares Stoffgesetz zu berücksichtigen. Für die Jacobi-
Matrix ergibt sich

$$\left[ K^{\mathrm{uu}} \right] = \int_{V} [\mathbf{B}^{\mathrm{u}}]^{T} \left[ \frac{\partial \sigma}{\partial S} \right] [\mathbf{B}^{\mathrm{u}}] \, dV \quad , \quad \left[ K^{\mathrm{dd}} \right] = \int_{V} [\mathbf{N}^{\mathrm{D}}]^{T} \left[ \frac{\partial \vec{\mathbf{E}}}{\partial \vec{\mathbf{D}}} \right] [\mathbf{N}^{\mathrm{D}}] \, dV$$

$$\left[ K^{\mathrm{ud}} \right] = \int_{V} [\mathbf{B}^{\mathrm{u}}]^{T} \left[ \frac{\partial \sigma}{\partial \vec{\mathbf{D}}} \right] [\mathbf{N}^{\mathrm{D}}] \, dV \quad , \quad \left[ K^{\mathrm{du}} \right] = \int_{V} [\mathbf{N}^{\mathrm{D}}]^{T} \left[ \frac{\partial \vec{\mathbf{E}}}{\partial S} \right] [\mathbf{B}^{\mathrm{u}}] \, dV$$

$$\left[ K^{\mathrm{d}\varphi} \right] = \int_{V} [\mathbf{N}^{\mathrm{D}}]^{T} [\mathbf{B}^{\varphi}] \, dV \quad , \quad \left[ K^{\varphi\mathrm{d}} \right] = \int_{V} [\mathbf{B}^{\varphi}]^{T} [\mathbf{N}^{\mathrm{D}}] \, dV \tag{3.36}$$

sowie für die rechte Seite $\vec{R}$

$$[f^{\mathrm{u}}] = \int_{V} [\mathbf{B}^{\mathrm{u}}]^{T} \sigma \, dV \; + \; \int_{V} [\mathbf{N}^{\mathrm{u}}]^{T} f^{B} \, dV \; + \; \int_{S_f} [\mathbf{N}^{\mathrm{u}}]^{T} f^{S_f} \, dS_f$$

$$[f^{\varphi}] = \int_{V} [\mathbf{B}^{\varphi}]^{T} \vec{\mathbf{D}} \, dV \; - \; \int_{V} [\mathbf{N}^{\varphi}]^{T} q^{\mathrm{F}} \, dV \; - \; \int_{S_q} [\mathbf{N}^{\varphi}]^{T} q^{S_q} \, dS_q$$

$$[f^{\mathrm{d}}] = \int_{V} [\mathbf{N}^{\mathrm{D}}]^{T} \left( \vec{\mathbf{E}} + \operatorname{grad} \varphi \right) \, dV \tag{3.37}$$

mit den generalisierten internen und externen Belastungen. Die Element-
Steifigkeitsmatrix, mit

$$\begin{pmatrix} K^{\mathrm{uu}} & 0 & K^{\mathrm{ud}} \\ 0 & 0 & K^{\varphi\mathrm{d}} \\ K^{\mathrm{du}} & K^{\mathrm{d}\varphi} & K^{\mathrm{dd}} \end{pmatrix} \begin{pmatrix} \Delta \mathbf{u}_{\mathrm{k}} \\ \Delta \varphi_{\mathrm{k}} \\ \Delta \mathbf{D}_{\mathrm{k}} \end{pmatrix} = \begin{pmatrix} f^{\mathrm{u}} \\ f^{\varphi} \\ f^{\mathrm{d}} \end{pmatrix} \quad , \tag{3.38}$$

ist symmetrisch, wenn die Ableitungen in Gl. (3.36) zueinander symmetrisch
sind. Dabei entspricht die Anzahl von sieben Reihen und Spalten der Anzahl
der Freiheitsgrade. Auf die dritte Zeile in Gl. (3.35) können keine Belastungen

vorgegeben werden. Deswegen ist es möglich, die dritte Zeile in Gl. (3.38) nach $\Delta D_k$ aufzulösen und in die zwei verbleibenden Gleichungen einzusetzen. Durch diese „Kondensation" der dielektrischen Verschiebung reduziert sich die Anzahl der globalen Freiheitsgrade. Dies wird in [55] ausführlich dargestellt. Man erhält, wie bei der Standardformulierung, das elektrische Potential und die mechanische Verschiebung als Freiheitsgrade. Es werden jedoch andere konstitutive Beziehungen genutzt. Die Einträge in der Steifigkeitsmatrix unterscheiden sich dementsprechend. Analog zur Vorgehensweise für die Standardformulierung,

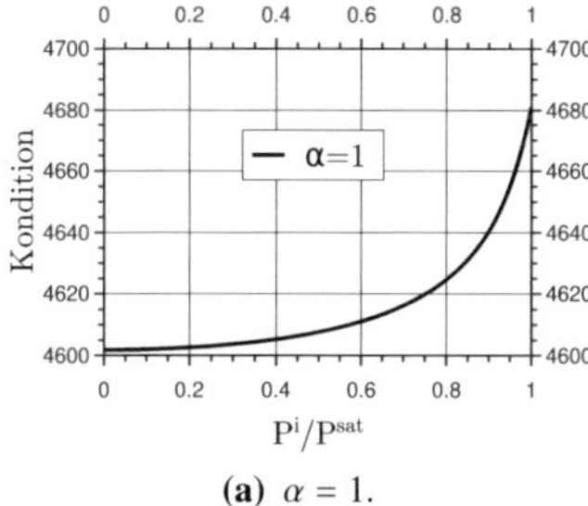


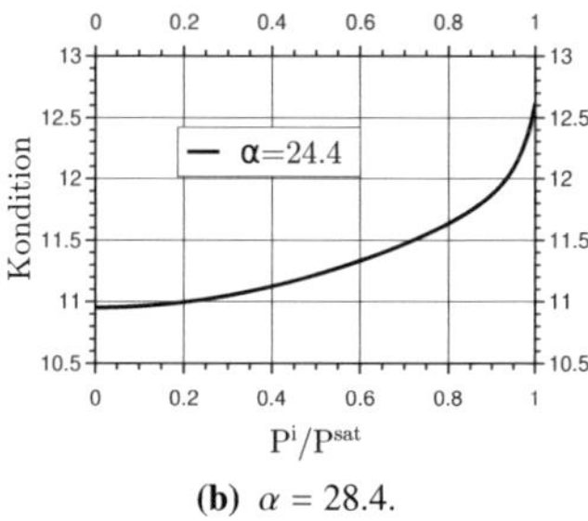


(a) $\alpha = 1$.  (b) $\alpha = 28.4$.

**Abb. 3.4:** Hybride Elementformulierung: Konditionierung der Steifigkeitsmatrix in Abhängigkeit von der remanenten Polarisation.

siehe Gl. (3.34), kann die Kondition der Materialmatrix durch Multiplikation der unteren Zeile in Gl. (3.38) mit einem konstanten Faktor $\alpha$ beeinflusst werden. Für identische Materialparameter wie im Fall der Standardformulierung ergeben sich für die Kondition der Materialmatrix die Verläufe in Abb. 3.4. Im Vergleich zur Standardformulierung, siehe Abb. 3.3, ist die Kondition ohne Berücksichtigung eines Faktors, d.h. $\alpha = 1$, schlechter, da größer. Wählt man jedoch $\alpha > 1$, so verbessert sich die Kondition im Vergleich zur Standardformulierung. Der optimale Faktor $\alpha = 28,4$ in Abb. 3.4b ergibt sich aus der Berechnung des Minimums für die Kondition der Matrix im gepolten Zustand. Dieses Minimum ist abhängig von den gewählten Materialparametern.

Der Materialtensor, siehe Anhang B, und die Element-Steifigkeitsmatrix in Gl. (3.38) sind positiv definit, d.h. deren Eigenwerte sind immer größer null. Dies gilt auch für das nichtlineare Materialmodell aus Kap. 4.2 und die mit Hilfe der automatischen Differentiation berechneten Tangentenoperatoren. Die immer positiven Eigenwerte geben einen Hinweis darauf, dass das Sattelpunktproblem, siehe [70], in der hybriden Formulierung nicht mehr vorhanden ist. Für das Invertieren der Steifigkeitsmatrix können deswegen effizientere Methoden angewendet werden. Allerdings steigt die Anzahl der Freiheitsgrade im dreidimensionalen Fall auf sieben an, somit auch die Größe der Element-Steifigkeitsmatrix und damit der benötigte Rechenaufwand für deren Lösung. Im Vergleich zwischen der Standard-Formulierung und der hybriden Formulierung beschreiben Ghandi und Hagood in [27] eine Reduktion der benötigten Rechenzeit um den Faktor 15. Dies wird durch eine geringere Anzahl von Newton-Iterationen bis zum Erfüllen des Konvergenzkriteriums erreicht.

### Hybride Elementformulierung für einen Halbleiter

Für die Berücksichtigung der elektrischen Leitfähigkeit von Ferroelektrika kann die schwache Form in Gl. (3.16) mit Hilfe der Formfunktionen für die Implementierung in die FE-Umgebung umgeschrieben werden. Es gibt sich eine Formulierung

$$
\begin{aligned}
\delta G^{\mathrm{HyL}} \approx{} & \delta \vec{u}_{\mathrm{k}}^{T}\left(\int_{V}[\mathbf{B}^{\mathrm{u}}]^{T} \sigma \, dV - \int_{V}[\mathbf{N}^{\mathrm{u}}]^{T} \vec{f}^{B} \, dV - \int_{S_f}[\mathbf{N}^{\mathrm{u}}]^{T} \vec{f}^{S_f} \, dS_f\right) \\
& + \delta \varphi_{\mathrm{k}}^{T}\left(\int_{V}[\mathbf{B}^{\varphi}]^{T}\left(\frac{\partial \vec{D}}{\partial t}+\vec{J}\right) dV + \int_{S}[\mathbf{N}^{\varphi}]^{T} \vec{J}^{S_q} \, dS\right) \\
& + \delta \vec{D}_{\mathrm{k}}^{T}\left(\int_{V}[\mathbf{N}^{\mathrm{D}}]^{T}\left(\vec{E}+\operatorname{grad} \varphi\right) dV\right) = 0 \quad,
\end{aligned}
\tag{3.39}
$$

die sich nur in der zweiten Zeile von der Formulierung in der Gl. (3.35) unterscheidet. Somit ergibt sich für die Einträge in der Element-Steifigkeitsmatrix

$$
[\boldsymbol{K}^{\mathrm{uu}}]=\int_{V}[\mathbf{B}^{\mathrm{u}}]^{T}\left[\frac{\partial \sigma}{\partial S}\right][\mathbf{B}^{\mathrm{u}}] \, dV \qquad , \qquad [\boldsymbol{K}^{\mathrm{dd}}]=\int_{V}[\mathbf{N}^{\mathrm{D}}]^{T}\left[\frac{\partial \vec{E}}{\partial \vec{D}}\right][\mathbf{N}^{\mathrm{D}}] \, dV
$$

$$
[\boldsymbol{K}^{\mathrm{ud}}]=\int_{V}[\mathbf{B}^{\mathrm{u}}]^{T}\left[\frac{\partial \sigma}{\partial \vec{D}}\right][\mathbf{N}^{\mathrm{D}}] \, dV \qquad , \qquad [\boldsymbol{K}^{\mathrm{du}}]=\int_{V}[\mathbf{N}^{\mathrm{D}}]^{T}\left[\frac{\partial \vec{E}}{\partial S}\right][\mathbf{B}^{\mathrm{u}}] \, dV
$$

$$
[\boldsymbol{K}^{\mathrm{d}\varphi}]=\int_{V}[\mathbf{N}^{\mathrm{D}}]^{T}[\mathbf{B}^{\varphi}] \, dV \qquad , \qquad [\boldsymbol{K}^{\varphi \mathrm{d}}]=\int_{V}[\mathbf{B}^{\varphi}]^{T}[\mathbf{N}^{\mathrm{D}}] \, dV
$$

$$
[\boldsymbol{K}^{\mathrm{q}\varphi}]=\int_{V}[\mathbf{B}^{\varphi}]^{T}\left[\frac{\partial \vec{J}}{-\partial \operatorname{grad} \varphi}\right][\mathbf{B}^{\varphi}] \, dV \quad .
\tag{3.40}
$$

Im Vergleich zu der Elementformulierung für den idealen Isolator muss zusätzlich die Ableitung des Stroms $\vec{J}$ nach dem Gradienten des elektrischen Potentials $\operatorname{grad} \varphi$ berechnet werden. Auf der rechten Seite wird die zeitliche Ableitung der dielektrischen Verschiebung $\dot{\vec{D}}$ und des elektrischen Stroms $\vec{J}$ berücksichtigt:

$$[f^{\mathrm{u}}] = \int_V [\mathbf{B}^{\mathrm{u}}]^T \sigma \, dV + \int_V [\mathbf{N}^{\mathrm{u}}]^T f^B \, dV + \int_{S_f} [\mathbf{N}^{\mathrm{u}}]^T f^{S_f} \, dS_f$$

$$[f^{\varphi}] = \int_V [\mathbf{B}^{\varphi}]^T \left(\dot{\vec{D}} + \vec{J}\right) dV - \int_{S_q} [\mathbf{N}^{\varphi}]^T q^{S_q} \, dS_q$$

$$[f^{\mathrm{d}}] = \int_V [\mathbf{N}^{\mathrm{D}}]^T \left(\vec{E} + \operatorname{grad}\varphi\right) dV \quad . \tag{3.41}$$

Der elektrische Strom $\vec{J} = f(\operatorname{grad}\varphi)$ wird durch eine funktionale Abhängigkeit vom Gradienten des elektrischen Potentials bestimmt, d.h. basierend z.B. auf dem ohmschen Gesetz ($\vec{J} = -\mathbf{\Omega} \cdot \operatorname{grad}\varphi$). Für die Lösung eines transienten Problems im Rahmen der Finite-Elemente-Methode wird die Element-Steifigkeitsmatrix aus drei Matrizen aufgebaut:

$$K^{\mathrm{e}} = \operatorname{ctan}(1) \cdot K + \operatorname{ctan}(2) \cdot C + \operatorname{ctan}(3) \cdot M \quad . \tag{3.42}$$

Die Faktoren $\operatorname{ctan}(1)$, $\operatorname{ctan}(2)$ und $\operatorname{ctan}(3)$[1] für die Steifigkeitsmatrix $K$, die Dämpfungsmatrix $C$ und die Massenmatrix $M$ wird abhängig vom gewähltem Integrationsalgorithmus bestimmt. Da in der schwachen Form keine Terme mit Beschleunigung auftreten, ergibt sich für die Element-Steifigkeitsmatrix:

$$K^{\mathrm{e}} = \operatorname{ctan}(1)\begin{pmatrix} K^{\mathrm{uu}} & 0 & K^{\mathrm{ud}} \\ 0 & K^{\mathrm{q}\varphi} & 0 \\ K^{\mathrm{du}} & K^{\mathrm{d}\varphi} & K^{\mathrm{dd}} \end{pmatrix} + \operatorname{ctan}(2)\begin{pmatrix} 0 & 0 & 0 \\ 0 & 0 & K^{\varphi\mathrm{d}} \\ 0 & 0 & 0 \end{pmatrix} \quad . \tag{3.43}$$

Die zeitabhängige Gleichgewichtsformulierung wird mit Hilfe des Newmark-Verfahrens gelöst. So kann durch die Parameter ctan eine Dämpfung berücksichtigt werden. Die zeitliche Änderung des elektrischen Feldes ist auf Grund des hohen elektrischen Widerstandes gering und deswegen ist keine Dämpfung notwendig. Für die betrachtete Problemstellung kann die Element-Steifigkeitsmatrix ohne Dämpfungsfaktor wie folgt dargestellt werden:

$$\begin{pmatrix} K^{\mathrm{uu}} & 0 & K^{\mathrm{ud}} \\ 0 & K^{\mathrm{q}\varphi} & K^{\varphi\mathrm{d}}/\Delta t \\ K^{\mathrm{du}} & K^{\mathrm{d}\varphi} & K^{\mathrm{dd}} \end{pmatrix}\begin{pmatrix} \Delta \mathrm{u}_{\mathrm{k}} \\ \Delta \varphi_{\mathrm{k}} \\ \Delta \mathrm{D}_{\mathrm{k}} \end{pmatrix} = \begin{pmatrix} f^{\mathrm{u}} \\ f^{\varphi} \\ f^{\mathrm{d}} \end{pmatrix} . \tag{3.44}$$

Unter Berücksichtigung der elektrischen Leitfähigkeit muss somit mit einer unsymmetrischen Steifigkeitsmatrix gerechnet werden. Dies erhöht sowohl den

---

[1]Die Bezeichnung ctan für diese Faktoren stammt aus dem FE-Programm FEAP. Wird kein transientes Problem gelöst, so ist ctan(2)=ctan(3)=0.

Speicherbedarf als auch die Rechenzeit für das Invertieren der Matrix. Die Kondition der Steifigkeitsmatrix wird maßgeblich von der elektrischen Leitfähigkeit beeinflusst. Die spezifische elektrische Leitfähigkeit fließt in die Komponente $K^{q\varphi}$ ein. Deswegen wird diese Zeile mit einem zusätzlichen Skalierungsparameter $\beta$ multipliziert. Die Multiplikation mit dem Faktor $\alpha$, siehe Kap. 3.2.1, bleibt erhalten, so dass

$$
\begin{pmatrix}
K^{uu} & 0 & K^{ud}\cdot\alpha \\
0 & K^{q\varphi}\cdot\beta^2 & K^{\varphi d}/\Delta t\cdot\alpha\cdot\beta \\
K^{du}\cdot\alpha & K^{d\varphi}\cdot\alpha\cdot\beta & K^{dd}\cdot\alpha^2
\end{pmatrix}
\begin{pmatrix}
\Delta u_k \\
\Delta\varphi_k/\beta \\
\Delta D_k/\alpha
\end{pmatrix}
=
\begin{pmatrix}
f^u \\
f^\varphi\cdot\beta \\
f^d\cdot\alpha
\end{pmatrix} . \tag{3.45}
$$

In Abb. 3.5a ist der Verlauf der Kondition der Materialmatrix ohne einen Skalierungsfaktor, d.h. $\alpha = \beta = 1$, dargestellt. Für die spezifische elektrische Leitfähigkeit wurde $\Omega = 10\mathrm{E}-12\ (\Omega\mathrm{m})^{-1}$ gewählt, siehe [103]. Die weiteren Materialparameter sind in Tab. 4.1 angegeben und somit identisch mit den vorangegangen Untersuchungen in Kap. 3.2.1. Der geringe Wert der spezifischen elektrischen Leitfähigkeit bestimmt maßgeblich die Kondition der Materialmatrix. Die Kondition verbleibt deswegen auf einem sehr hohen Wert. Eine

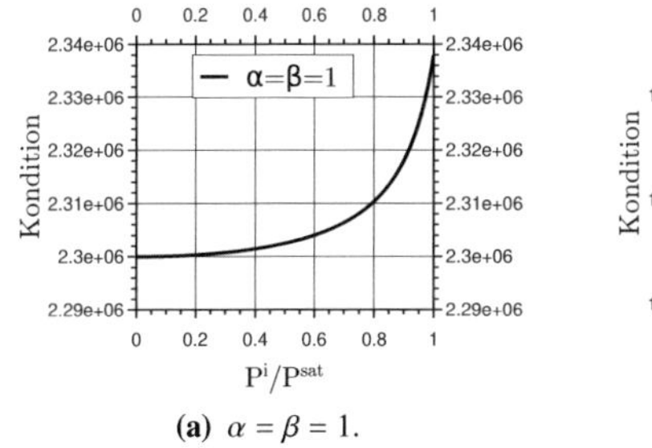

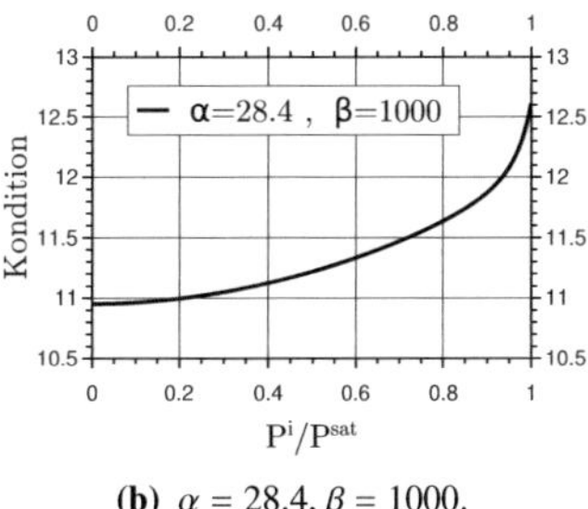

(a) $\alpha = \beta = 1$.                     (b) $\alpha = 28.4, \beta = 1000$.

**Abb. 3.5:** Hybride Elementformulierung für Halbleiter: Konditionierung der Steifigkeitsmatrix in Abhängigkeit von der remanenten Polarisation.

Skalierung mit Hilfe der Faktoren $\alpha$ und $\beta$ führt zu einer besseren Kondition, siehe Abb. 3.5b. Der Faktor $\beta$ ermöglicht es, die Kondition auf ein ähnliches Niveau herabzusetzen wie im Fall der hybriden Formulierung ohne elektrische Leitfähigkeit, siehe Abb. 3.4. Die Eigenwerte der Materialmatrix, siehe Anhang B, und der Elementsteifigkeitsmatrix sind für die hybride Formulierung bei einen Halbleiter auf Grund der darin enthaltenen negativen spezifischen Leitfähigkeit nicht nur positiv. Ein negativer Einfluss auf die Stabilität der Berechnung im Vergleich zur hybriden Formulierung eines Nichtleiters in Gl. (3.35) wurde jedoch nicht festgestellt.

## 3.2.2 Tangentenberechnung

Für die Lösung des Gleichgewichtes in der schwachen Form wird das Newton-Verfahren angewendet. Hierfür ist es notwendig, in der hybriden Element-formulierung mit Leitfähigkeit, die Ableitungen der abhängigen Variablen $(\Delta\sigma, \Delta\vec{\mathrm{E}}, \Delta\vec{\mathrm{J}})$ nach den unabhängigen Variablen $(\Delta S, \Delta\vec{\mathrm{D}}, \Delta\varphi)$ zu berechnen. Diese sogenannten „Tangentenoperatoren", siehe z.B. die Ableitungen in Gl. (3.40), haben einen entscheidenden Einfluss auf das Konvergenzverhalten des globalen Newton-Verfahrens. Die quadratische Konvergenz dieses Verfahrens, welches den großen Vorteil bietet, nur wenige Iterationen zu benötigen, ist nur für eine exakt bestimmte Tangentenbestimmung gewährleistet, siehe [85]. Für ein nichtlineares Materialmodell sind die Tangentenoperatoren nicht konstant. Die inneren Variablen (z.B. die remanente Polarisation und die remanente Dehnung) sind wiederum abhängig von den unabhängigen Variablen und somit müssen deren Bestimmungsgleichungen differenziert werden. Dies bedeutet, dass der Integrationsalgorithmus, d.h. die Berechnung von $\Delta\sigma$, $\Delta\vec{\mathrm{E}}$ und $\Delta\vec{\mathrm{J}}$ in Abhängigkeit von $\Delta S$, $\Delta\vec{\mathrm{D}}$ und $\Delta\varphi$, differenziert werden muss. Allerdings sind die Berechnungen dieser Tangentenoperatoren für ein nichtlineares Materialmodell, wenn überhaupt möglich, meist schwierig und rechenintensiv. Deswegen werden oft modifizierte Newton-Verfahren verwendet, bei denen die Tangente nicht exakt oder nicht nach jeder Iteration neu berechnet wird.
Die wohl einfachste Approximation der Tangentenoperatoren erreicht man durch die Ableitungen der linearen piezoelektrischen Gleichungen in Gl. (2.31) und in Gl. (2.30) und des ohmschen Gesetzes in Gl. 2.23, so dass

$$\frac{\partial\Delta\sigma}{\partial\Delta S} = \mathbb{C}^{D} \;\;,\;\; \frac{\partial\Delta\vec{\mathrm{E}}}{\partial\Delta\vec{\mathrm{D}}} = \boldsymbol{\beta} \;\;,\;\; \frac{\partial\Delta\sigma}{\partial\Delta\vec{\mathrm{D}}} = \frac{\partial\Delta\vec{\mathrm{E}}}{\partial\Delta S} = -\mathbb{h} \;\;,\;\; \frac{\partial\Delta\vec{\mathrm{J}}}{\partial\Delta\mathrm{grad}\,\varphi} = -\boldsymbol{\Omega} \;\;.$$

$$(3.46)$$

In dieser Arbeit ist die Ableitung des Stroms nach dem Gradienten des elektrischen Potentials auf Grund des ohmschen Gesetzes immer konstant.


### Vorderer Differenzenquotient

Für nichtlineare Materialmodelle ist je nach Integrationsalgorithmus eine analytische Differentiation meist nicht möglich. In diesem Fall können die Tangenten

numerisch durch einen Differenzenquotienten bestimmt werden. Meist wird ein
vorderer Differenzenquotient entsprechend

$$f'(x_j) \approx \frac{f(x_j + h) - f(x_j)}{h} \tag{3.47}$$

berechnet. Genauere Differenzenquotienten, die auf einer umfangreicheren
Taylor-Reihen-Entwicklung beruhen, werden auf Grund der größeren Berechnungszeit nur selten benutzt. Wendet man den vorderen Differenzenquotienten
auf die Berechnung des Tangentenoperators an, so ergeben sich für die Ablei-
tungsbestimmung die Gleichungen

$$\frac{\partial E_i}{\partial D_j} = \frac{E_i(D_j + h) - E_i(D_j)}{h} \ , \quad \frac{\partial E_i}{\partial S_{jk}} = \frac{E_i(S_{jk} + h) - E_i(S_{jk})}{h} \ , \tag{3.48}$$

$$\frac{\partial \sigma_{ij}}{\partial D_k} = \frac{\sigma_{ij}(D_k + h) - \sigma_{ij}(D_k)}{h} \ , \quad \frac{\partial \sigma_{ij}}{\partial S_{kl}} = \frac{\sigma_{ij}(S_{kl} + h) - \sigma_{ij}(S_{kl})}{h} \ . \tag{3.49}$$

Hierfür muss das Materialmodell bei dreidimensionalen Problemen neunmal
gelöst werden, da sowohl die dielektrische Verschiebung als auch die Dehnung
gestört werden müssen. Dies führt zu einer signifikanten Verlängerung der
Rechenzeit. Die Bestimmung einer optimalen Schrittweite $h$ ist schwierig, da
für sehr kleine Werte ein sogenannter „Auslöschungsfehler" auftritt. Für größere
Werte ist die Ableitung dann zu ungenau, siehe [31]. Auf Grund der begrenzten
Computergenauigkeit werden für die Schrittweite $h$ meist Werte größer 1E —8
empfohlen.


### Automatische Differentiation

Ist der Integrationsalgorithmus analytisch lösbar, so ist die Automatische Differentiation ein modernes Verfahren, den Tangentenoperator zu berechnen. Einen
guten Überblick über dieses Verfahren liefert [31]. Ausgangspunkt sind dabei die Kettenregel und die bekannten Ableitungen von Elementarfunktionen
(z.B. sin, cos, tanh, exp, log). Die zu differenzierende Funktion wird als eine
Verknüpfung von Teilfunktionen beschrieben. Grundsätzlich können zwei Vorgehensweisen unterschieden werden: das Vorwärts- und das Rückwärtsverfahren.
Wird eine große Anzahl von abhängigen Variablen nach wenigen unabhängigen Variablen abgeleitet, so sollte die Vorwärtsmethode angewendet werden.
Dies trifft auf die Berechnung des Tagentenoperators zu, weshalb hier nur auf
das Vorwärtsverfahren eingegangen wird. Dieses Verfahren kann anhand eines
einfachen Beispiels verständlich gemacht werden. Es soll die Ableitung der

Funktion

$$f(x_1, x_2) = \left(x_2 + \sqrt{\frac{x_1}{x_2}}\right) \cdot \sin\left(\frac{x_1}{x_2}\right) \qquad (3.50)$$

nach der Variable $x_1$ berechnet werden. In einem ersten Schritt wird die Funktion in die Teilfunktionen $v_1$ bis $v_7$ unterteilt und deren Ableitungen bestimmt. Dabei werden die Teilfunktionen $v_i$ so gewählt, dass sie sich durch die anderen Teilfunktionen ausdrücken lassen, vergl. Tab. 3.1. Für ein frei gewähltes Wer-

| | | | |
|---|---|---|---|
| $v_1 =$ | $x_1 = 1.5$ | $\dot{v}_1 =$ | $1$ |
| $v_2 =$ | $x_2 = 0.5$ | $\dot{v}_2 =$ | $0$ |
| $v_3 =$ | $x_1/x_2 = 1.5/0.5 = 3$ | $\dot{v}_3 =$ | $\dot{v}_1/v_2 - \dot{v}_2 \cdot v_3/v_2^2 = 1/0.5 = 2$ |
| $v_4 =$ | $\sin(v_3) = \sin(3) = 0.14$ | $\dot{v}_4 =$ | $\cos(v_3) \cdot \dot{v}_3 = \cos(3) \cdot 2 = -1.98$ |
| $v_5 =$ | $\sqrt{v_3} = \sqrt{3} = 1.73$ | $\dot{v}_5 =$ | $1/(2\sqrt{v_3}) \cdot \dot{v}_3 = 0.56$ |
| $v_6 =$ | $v_2 + v_5 = 0.5 + 1.73 = 2.23$ | $\dot{v}_6 =$ | $\dot{v}_2 + \dot{v}_5 = 0.56$ |
| $v_7 =$ | $v_4 \cdot v_6 = 0.14 \cdot 2.23 = 0.31$ | $\dot{v}_7 =$ | $\dot{v}_4 \cdot v_6 + \dot{v}_6 \cdot v_4 = -4.33$ |
| $y =$ | $v_7 = 0.31$ | $\dot{y} =$ | $\dot{v}_7 = -4.33$ |

**Tab. 3.1:** Differentation der Gl. (3.50) nach $x_1$ basierend auf dem Vorwärtsverfahren, mit $\dot{y} = \dfrac{\partial y}{\partial x}\,\dot{x}$, siehe [31].

tepaar $x_1 = v_1 = 1.5$ und $x_2 = v_2 = 0.5$ werden nun schrittweise die einzelnen Ableitungen berechnet. Von besonderem Interesse sind Programme, die direkt den Quellcode der abzuleitenden Funktion analysieren können und die mit Hilfe der Automatischen Differentiation daraus automatisiert einen Quellcode zur Berechnung der Ableitungen generieren. Diese Funktionalität bieten verschiedene Software-Tools, jeweils für unterschiedliche zu analysierende Programmiersprachen. Diese Programme sind zum Teil frei verfügbar. Innerhalb dieser Arbeit wurde das freie Programm OpenAD [96] verwendet, welches aktiv weiterentwickelt wird und die benötigten Funktionalitäten liefert.
Gegenüber der numerischen Berechnung bietet die Automatische Differentiation den Vorteil, dass der berechnete Wert für die Ableitung bis auf die Computergenauigkeit exakt ist. Sie ist außerdem vorteilhaft, wenn sich das Materialmodell in der Entwicklung befindet. Ein komplettes Neuschreiben des Codes für die Berechnung der Ableitung entfällt während des Entwicklungsprozesses, wie dieses ohne die Automatische Differentiation meist notwendig wäre, da die Ableitung automatisch generiert wird. Insbesondere für komplexe Funktionen ist das manuelle Programmieren der Berechnungsvorschrift für die Ableitung, d.h. ohne Automatische Differentiation, schwierig, zeitaufwendig und fehleranfällig.

Das Auffinden von Programmierfehlern ist in diesem Fall schwierig, da oftmals nur Endergebnisse für einen Vergleich zur Verfügung stehen, welche z.B. mit Hilfe der numerischen Differentiation bestimmt worden sind.

Ein Nachteil der Automatischen Differentiation ist, dass der erzeugte Programmcode nur schlecht nachvollziehbar ist. Ein weiteres von der Automatischen Differentiation nicht gelöstes Problem zeigt das Beispiel Gl. (3.50). Die Funktion $f$ ist zwar für $x_1 = 0$ definiert, jedoch nicht die Ableitung der Wurzel-Funktion. Diese nicht differenzierbaren Fälle müssen vorab in dem zu analysierenden Code manuell abgefangen werden. Dies kann dazu führen, dass der Originalcode an einigen wenigen Stellen angepasst werden muss.

### 3.2.3 Zeitschrittsteuerung

Ein wichtiger Aspekt bei der numerischen Lösung nichtlinearer Probleme ist die Steuerung der Zeitschrittweite. Der Rechenaufwand für die Lösung eines Problems ist etwa proportional zur Anzahl der benötigten Zeitschritte. Durch eine geeignete Zeitschrittsteuerung kann somit die Rechenzeit reduziert werden und gleichzeitig die Genauigkeit sowie die Robustheit eines Lösungsverfahrens verbessert werden. Die Anzahl von Newton-Iterationen, die bis zur Erfüllung der Gleichgewichtsbedingung notwendig sind, ist ein möglicher Indikator für die Zeitschrittsteuerung. Treten zu einem Zeitpunkt Nichtlinearitäten in der Simulation auf, so sind meist mehrere Iterationen notwendig. Es kann von Vorteil sein, die Größe des folgenden Zeitschrittes zu reduzieren, damit dann das Newton-Verfahren näher an der Lösung ist und somit schneller konvergiert. Hierfür werden Regeln definiert, die angeben, ab welcher Anzahl von Iterationen eine Zeitschrittweite vergrößert bzw. reduziert werden soll. Ein Vorteil dieser Methode ist, dass sie unabhängig von der in der FE-Methode untersuchten Nichtlinearität angewendet werden kann.

Bei genauer Kenntnis der auftretenden Nichtlinearität kann ein physikalisch motiviertes Kriterium für die Zeitschrittsteuerung vorteilhaft sein. Für ein elastischplastisches Material wird hierfür in [100]

$$R = \frac{\|\dot{S}^{i}\|}{\|\Delta S^{i,\mathrm{max}}\|}\,, \tag{3.51}$$

als Indikator für die Zeitschrittsteuerung vorgeschlagen. Dieser Indikator $R$ basiert dabei auf der Normierung des irreversiblen Dehnungsinkrements $\dot{S}^{i}$ auf ein maximales plastisches Dehnungsinkrement $\Delta S^{i,\mathrm{max}}$. Dabei wird der Indikator in jedem Berechnungspunkt und zu jedem Zeitpunkt im FE-Modell ausgewertet und damit dem darauf folgenden Zeitschritt angepasst. Es werden folgende Regeln definiert, die die Bestimmung des Zeitschrittes $^{n-1}\Delta t$ basierend auf dem Indikator $R$ erlauben. Dabei werden in dem Fe-Programm FEAP, siehe [94], drei Fälle unterschieden:

1. Kriterium für den sofortigen Neustart während der Iterationen, :

$$\text{Wenn } R \leq 2 \qquad , \text{dann } {}^{n}\Delta t = 0.85 \cdot {}^{n-1}\Delta t / R \quad .$$

2. Nach einer definierten Anzahl von Iterationen und wenn die Konvergenz erzielt wird:

$$
\begin{aligned}
&\text{Wenn } R = 1.25 &&, \text{dann } {}^{n+1}\Delta t = {}^{n}\Delta t \quad ; \\
&\text{Wenn } R > 0.8 &&, \text{dann } {}^{n+1}\Delta t = {}^{n}\Delta t / R \quad ; \\
&\text{Wenn } 0.5 < R < 0.8 &&, \text{dann } {}^{n+1}\Delta t = 1.25 \cdot {}^{n}\Delta t \quad ; \\
&\text{Wenn } R \leq 0.5 &&, \text{dann } {}^{n+1}\Delta t = 1.5 \cdot {}^{n}\Delta t \quad .
\end{aligned}
$$

3. Nach einer definierten Anzahl von Iterationen und wenn die Konvergenz nicht erzielt wird:

$$
\begin{aligned}
&\text{Wenn } R > 1.25 &&, \text{dann } {}^{n}\Delta t = 0.85 \cdot {}^{n-1}\Delta t / R \quad ; \\
&\text{Wenn } R < 2 &&, \text{dann } {}^{n}\Delta t = {}^{n-1}\Delta t / 3 \quad .
\end{aligned}
$$

Mit Hilfe eines Abbruchkriteriums kann das Ergebnis des aktuellen Zeitschritts verworfen werden. Dann wird versucht, die Gleichgewichtsbedingung mit einer kleineren Zeitschrittweite zu erfüllen. Diese in FEAP vorgeschlagene Vorgehensweise wird auf das Materialmodell für Ferroelektrika übertragen. Im Gegensatz zur Modellierung des elastisch-plastischen Materialverhaltens existieren in Modellen für Ferroelektrika die entsprechenden Sättigungswerte für die irreversible bzw. remanente Dehnung $S^{\text{sat}}$ und die remanente Polarisation $\mathrm{P}^{\text{sat}}$. Der Indikator

$$
R^{i} = \frac{\left\| \Delta S^{i} \right\|}{2 S^{\text{sat}}} + \frac{\left\| \Delta \vec{\mathrm{P}}^{i} \right\|}{2 \mathrm{P}^{\text{sat}}} , \tag{3.52}
$$

berücksichtigt sowohl die Änderung der remanenten Dehnung $\Delta S^i$ als auch die Änderung der remanenten Polarisation $\Delta \vec{P}^i$. Die Zeitschrittweiten berechnen sich durch die in Anhang D aufgelisteten Grenzwerte. Als weiterer Indikator ist auch die Änderung der dielektrischen Verschiebung geeignet, so dass

$$R^D = \left\| \dot{\vec{D}} \right\| \quad . \tag{3.53}$$

Dieser Indikator enthält Informationen sowohl über die Änderung der mechanischen und elektrischen Größen als auch über die Veränderungen der remanenten Anteile. Dabei liegen Informationen über die mechanischen Größen nur vor, wenn eine elektromechanische Kopplung vorhanden ist. Simulationen des entkoppelten, rein ferroelastischen Materialverhaltens sind stabil. Somit ist die Zeitschrittsteuerung unkritisch. Die jeweiligen Grenzen, im Anhang D, sind abhängig von den gewählten Materialparametern und müssen dementsprechend angepasst werden. Ein Algorithmus für eine automatische Anpassung dieser Grenzen ist zur Zeit noch nicht entwickelt. Die Steigungen der dielektrischen Hysterese, der ferroelastischen Hysterese und der Schmetterlingshysterese zum Zeitpunkt der Entwicklung der remanenten Größen bieten Ansatzpunkte für die automatische Anpassung.

Prinzipiell werden die Indikatoren an jedem Knotenpunkt berechnet. Jedoch findet die Zeitschrittsteuerung global für alle Knoten statt. Liegt eine weitgehend homogene Belastung vor, so genügt es, den jeweiligen Indikator an einem Berechnungspunkt auszuwerten. Bei stark inhomogenen Belastungen ist eine Mittelung über alle Knoten im Modell möglich. Jedoch kann hier das Problem auftreten, dass hohe Werte der Indikatoren, die eine Nichtlinearität in den Bereichen mit hoher Belastung signalisieren, durch die Überlagerung mit niedrigeren Indikatoren in den Bereichen mit geringer Belastung ausgemittelt werden. Eine Mittelwertbildung kann somit zu einer geringeren Sensitivität führen. Deswegen wird in den im Kap. 5 gezeigten Simulationsergebnissen der Indikator $R^i$ nur an einem Knoten[1] ausgewertet.

## 3.2.4 Gleichungslöser

Im Wesentlichen beeinflussen zwei Schritte die Rechendauer zum Lösen eines Finite-Elemente-Problems: (1) der Aufbau der Gesammtsteifigkeitsmatrix $\boldsymbol{K}$ und das Berechnen der rechten Seite $R$, (2) das Invertieren der Steifigkeitsmatrix $\boldsymbol{K}^{-1}$. Für das Invertieren der Steifigkeitsmatrix ist eine große Anzahl von

---

[1] Ausgewählt wurde der achte Berechnungspunkt in dem Element mit der größten Elementnummer.

freien sowie kommerziellen Programmpaketen verfügbar. FEAP selbst bringt einen eigenen Gleichungslöser mit. Gleichzeitig können in FEAP, durch eine definierte Schnittstelle, auch andere Gleichungslöser eingebunden werden. Die

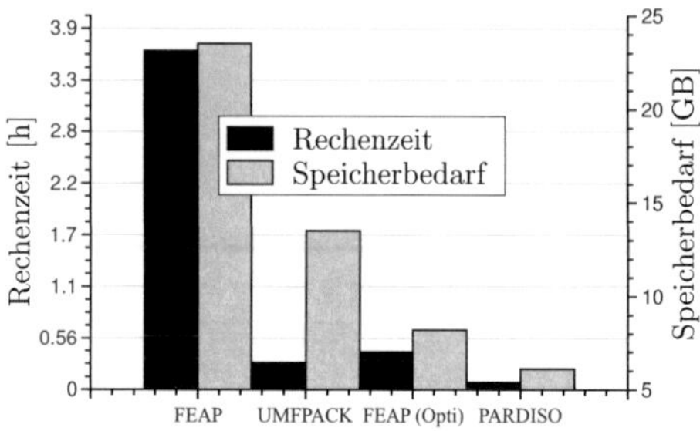


**Abb. 3.6:** Vergleich der Rechenzeit und des Speicherbedarfs mit unterschiedlichen Lösern.

Auswahl an verfügbaren Lösern ist groß. In der Literatur finden sich verschiedene Benchmarks mit nicht eindeutigen Ergebnissen. Nicht jeder Löser kann unsymmetrische Matrizen invertieren, was jedoch für die Berücksichtigung der elektrischen Leitfähigkeit notwendig ist. Die direkten Löser Umfpack [14] und Pardiso [83] können dies und zeigen bei verschiedenen Benchmarks eine gute Performance [29, 86]. Im Rahmen dieser Arbeit wurde eine Schnittstelle zu FEAP für den Umfpack-Solver in der Version 5.4 und den Pardiso-Solver aus der Math-Kernel-Libary mit der Version 10.3.2 erstellt. In Abb. 3.7 werden sowohl der Speicherbedarf als auch die benötigte Rechenzeit der unterschiedlichen Löser verglichen. Es wird ein unsymmetrisches Problem mit 40834 Freiheitsgraden gelöst. Die Rechenzeit beinhaltet hierbei nicht nur das einmalige Invertieren der Steifigkeitsmatrix, sondern auch das Lösen eines transienten FE-Problems. Durch den Befehl *Optimize* führt FEAP für den eingebauten Löser eine Profil-Optimierung der Steifigkeitsmatrix nach dem Algorithmus von [90] durch. Hierdurch reduziert sich der verbrauchte Speicher um den Faktor 2.8, vergl. Abb. 3.6. Gleichzeitig beschleunigt sich das Lösen um den Faktor 9. Der Umfpack-Solver benötigt viel Speicher, ist aber trotzdem schneller als der FEAP-Solver. In diesem Vergleich ist der Pardiso-Solver am effizientesten. Dieser benötigt am wenigsten Speicher und ist auch in der Berechnungszeit der schnellste. Der Pardiso-Solver bietet im Gegensatz zu den anderen Solvern zusätzlich die Möglichkeit einer Parallelisierung. Diese ist momentan noch nicht netzwerkfähig. Somit müssen die Rechenkerne und der Speicher lokal

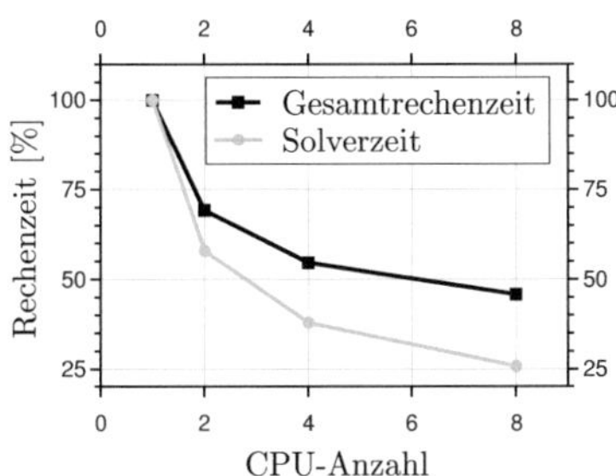


**Abb. 3.7:** Parallelisierung des Pardiso-Solvers.

verfügbar sein. Die Geschwindigkeitsvorteile, die sich aus der Parallelisierung ergeben, sind in Abb. 3.7 dargestellt. Für bis zu vier Rechenkerne ist die Parallelisierung des Solvers sehr gut. Das parallele Rechnen auf acht CPUs ist vor allem deswegen nicht mehr so effektiv, da die Gesamtrechenzeit im Vergleich zu vier CPUs nicht deutlich sinkt. Dies lässt sich dadurch erklären, dass der Aufbau der Steifigkeitsmatrix im Gegensatz zum Invertieren der Steifigkeitsmatrix nicht parallelisiert ist. Deshalb skaliert die gesamte Rechenzeit nicht direkt mit der Zeit zum Invertieren, da die Zeit für den Aufbau der Steifigkeitsmatrix gleich bleibt. Für den FEAP-Solver ist die Rechenzeit zum Aufbau der Steifigkeitsmatrix nicht die limitierende Größe, da die Rechenzeit des Solvers wesentlich länger ist. Die in Kap. 5 gezeigten Simulationsergebnisse wurden auf Grund der besseren Performance mit dem Pardiso-Solver berechnet.

# 4 Nichtlineare Modellierung von Ferroelektrika

Für die Lösung der materialunabhängigen Feldgleichungen, siehe Kap. 2.3, ist es notwendig, so genannte Stoffgleichungen einzuführen. Diese beschreiben das Materialverhalten und schließen das mathematische Gleichungssystem. Das gekoppelte elektromechanische Materialverhalten von Ferroelektrika kann im einfachsten Fall durch die linearen piezoelektrischen Gleichungen, siehe Kap. 2.3.3, beschrieben werden. Eine Implementierung dieser Gesetze ist in vielen kommerziellen FEM-Programmen verfügbar. Eine Modellierung, basierend auf den linearen piezoelektrischen Gleichungen, setzt allerdings das Wissen über den Polungszustand im Bauteil voraus. Auch kann das lineare Modell Depolarisationseffekte durch elektrische Felder und mechanische Spannungen nicht wiedergeben. Eine Simulation des für die spätere Anwendung kritischen Polungsprozesses ist somit nicht möglich.

Die Modellierung des Materialverhaltens von Ferroelektrika kann auf den unterschiedlichsten Größenskalen durchgeführt werden. Basierend auf der Quantenmechanik und der Festkörperphysik werden mit Hilfe von Ab-initio Berechnungen in [66] die elastischen Eigenschaften auf atomarem Maßstab bestimmt. Auf der nächst größeren Skala, der Mesoskala, werden in [97] Phasenfeld-Simulationen durchgeführt, mit denen z.B. der Einfluss der Bewegung von Domänengrenzen untersucht werden kann. Auf der mikromechanischen Skala wird in [7, 23, 40, 49] das Verhalten von ganzen Körnern, die durch Volumenanteile der jeweiligen Domänentypen beschrieben werden, modelliert. So wird das unterschiedliche Verhalten von Polykristallen und Einkristallen analysiert. Zusätzlich kann durch das Berücksichtigen von weiteren Kornorientierungen, siehe Kap. 4.1.3, ein mikromechanisches Modell verwendet werden, um das makroskopische Verhalten wiederzugeben. Eine andere Homogenisierungsmethode zeigt [45], die mit Hilfe von $FE^2$ in jedem Berechnungspunkt auf der makroskopischen Skala ein zusätzliches FE-Modell auf der mikroskopischen Skala löst.

Direkt auf der makroskopischen Skala werden die ursprünglich für die Modellierung des ferromagnetischen Verhalten entwickelten Preisach-Modelle, vergl. [79] für piezokeramische Werkstoffe angewendet, siehe [46]. Diese Modelle eignen sich insbesondere für die Mess- und Regelungstechnik, da sie das ferroelektrische Verhalten sehr genau, allerdings nicht in 3D, wiedergeben können. Mit Hilfe einer arctanh-Funktion modellieren Schröder in [84] und Klinkel in [52] das Sättigungsverhalten von Ferroelektrika, jedoch nur in eine vorher definierte Vorzugsrichtung.

Das Modell in [114] basiert auf dem Modell von Elhadrouz in [17] und kann die Überlagerung einer konstanten Druckbeanspruchung mit einem sich zyklisch verändernden elektrischen Feld in koaxialer Richtung, siehe Abb. 2.12, nicht richtig wiedergeben.

Das Modell von Landis [57] ist vollständig elektromechanisch gekoppelt und besitzt eine symmetrische Tangente, die Vorteile bei der Invertierung der Steifigkeitsmatrix hat.

Ein mikroskopisch motiviertes 3D-Modell wird von Kamlah und Wang in [50] vorgestellt. Laskewitz [60] implementiert dieses in die Finite-Elemente Methode. Die remanenten Größen werden durch zwei Parameter beschrieben, die zum einen den Anteil der c-Achsen in einem definierten Kegel und zum anderen die Deformation beschreiben. Ein zentraler Punkt in diesem Modell ist die Orientierungsverteilungsfunktion, die in [68] durch eine $\cos^2$-Funktion beschrieben wird. Die FE-Implementierung in [60] zeigt einen deutlichen Anstieg der Rechenzeit im Vergleich zu dem Modell aus [10, 47].

Mit dem Modell von Kamlah und Böhle in [10, 47] kann das vollständig elektromechanisch gekoppelte Verhalten von Ferroelektrika wiedergegeben werden. Laskewitz [60] entwickelte hierfür einen effizienten Integrationsalgorithmus.

 In dieser Arbeit werden zwei nichtlineare Modelle vorgestellt, die insbesondere für die makroskopische Modellierung von Ferroelektrika entwickelt wurden und die das charakteristische Hystereseverhalten, siehe Kap. 2.2, wiedergeben können. Das Modell von Belov und Kreher, vergl. [6, 7, 8] sowie Kap. 4.1, wurde für eine Evaluierung mit dem Computer-Algebra-System Mathematica untersucht. Das zweite Materialmodell in Kap. 4.2 ist ein makroskopisches, phänomenologisches Modell, das im Rahmen dieser Arbeit neu entwickelt wurde. Es wurde im Hinblick auf eine Implementierung in einer hybriden Elementformulierung entwickelt und baut auf den Modellen von [10, 60] auf.


## 4.1 Das Belov-Kreher Modell


Das von Belov und Kreher vorgeschlagenen Modell, vergl. [6, 7, 8], ist ein zeitabhängiges, viskoplastisches Materialmodell. Es ermöglicht sowohl die Modellierung des ferroelektrischen als auch des ferroelastischen Materialverhaltens und kann die Temperaturabhängigkeit, siehe Kap. 4.1.1, und Zeitabhängigkeit, siehe Kap. 4.1.2, auf Grund der Formulierung mit den Avrami-Gleichungen wiedergeben. Die Domänenstruktur wird anhand von Volumenanteilen beschrieben. Die Anzahl der Volumenanteile $M$ eines Systems motiviert sich aus der

Einheitszelle des Materials. Diese wird als tetragonal angenommen. Somit werden sechs Volumenanteile berücksichtigt, d.h. $M = 6$ (rhomboedrisch $M = 8$). Oft werden Ferroelektrika modelliert, deren chemische Zusammensetzungen an der morphotropen Phasengrenze liegen ($M = 6 + 8 = 14$). Die Anzahl an Volumenanteilen definiert auch die Größe des zu lösenden Differentialgleichungssystems. Deshalb wird aus Gründen einer schnelleren Lösbarkeit meist nur mit sechs Volumenanteilen gerechnet. Mit Hilfe der Volumenanteile der

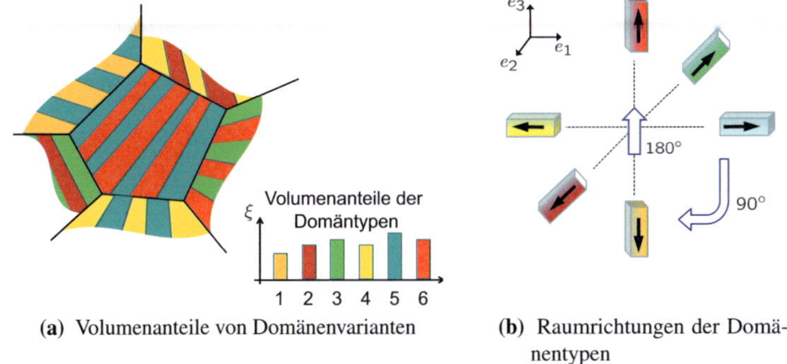



(a) Volumenanteile von Domänenvarianten

(b) Raumrichtungen der Domänentypen

**Abb. 4.1:** Abstraktion von Kornstrukturen durch Volumen von Domänentypen

einzelnen Domänen werden die Materialtensoren zu effektiven Tensoren gemittelt. Die gesamte Dehnung $S$ und die Polarisation $\vec{P}$ berechnet sich aus der Addition der remanenten und der reversiblen Anteile, die mit den jeweiligen Volumenanteilen $\xi_I$ gewichtet werden, so dass

$$\begin{bmatrix} S \\ \vec{P} \end{bmatrix} = \left( \sum_{I=1}^{M=6} \begin{bmatrix} \mathbb{C}^{s(I)^{-1}} & \mathrm{d}^{s(I)^T} \\ \mathrm{d}^{s(I)} & \kappa^{s(I)} \end{bmatrix} \cdot \xi_I \right) \begin{bmatrix} \sigma \\ \vec{E} \end{bmatrix} + \begin{bmatrix} S^i \\ \vec{P}^i \end{bmatrix} \quad . \tag{4.1}$$

Die Steifigkeitsmatrix $\mathbb{C}$ und die Permittivität $\kappa$ werden als isotrop und damit unabhängig von der jeweiligen Orientierung angenommen und müssen somit nicht mit den Volumenanteilen gewichtet werden. Die remanente Dehnung $S^i$ und die remanente Polarisation $\vec{P}^i$ werden entsprechend der Summe

$$\begin{bmatrix} S^i \\ \vec{P}^i \end{bmatrix} = \sum_{I=1}^{M=6} \begin{bmatrix} S^{s(I)} \\ \vec{P}^{s(I)} \end{bmatrix} \cdot \xi_I \tag{4.2}$$

berechnet. Die Materialparameter $\vec{\mathbf{P}}^{s(I)}$ und $\mathbf{S}^{s(I)}$ charakterisieren die spontane Polarisation und die spontane Dehnung der jeweiligen Domänenvariante. Diese Mittelung wurde in [42] vorgestellt und z.B. auch in [18, 23, 36, 76] für die Simulation des effektiven Verhaltens von Polykristallen angewendet. Ein wesentlicher Unterschied in mikromechanischen Modellen liegt in der Berechnung der treibenden Kräfte $f_{IJ}$. Diese beschreiben in Abhängigkeit vom elektrischen Feld und von der mechanischen Spannung das Einsetzen von Umklappvorgängen. Die treibende Kraft wird durch die Änderung der spontanen Polarisation $\Delta\vec{\mathbf{P}}^s$ und der spontanen Dehnung $\Delta\mathbf{S}^s$ beim Umklappen eines Domänentypes von $I$ nach $J$ berechnet:

$$f_{IJ} = -\vec{\mathbf{E}}\Delta\vec{\mathbf{P}}^s - \sigma\Delta\mathbf{S}^s = -\vec{\mathbf{E}}\left(\vec{\mathbf{P}}^{s(I)} - \vec{\mathbf{P}}^{s(J)}\right) - \sigma\left(\mathbf{S}^{s(I)} - \mathbf{S}^{s(J)}\right) \quad . \tag{4.3}$$

Diese lineare Beziehung, die keinen elektromechanisch gekoppelten Term beinhaltet, definiert maßgeblich das Verhalten des Materialmodells. Der rein empirische Potenz-Ansatz

$$\Delta G(f) = \Delta G_o\left(1 - \left(\frac{f_{IJ}}{f^*}\right)^p\right)^q \tag{4.4}$$

wird in ähnlicher Form für die Beschreibung der Metallplastizität verwendet und normiert die treibende Kraft auf den Energiebedarf $f^*$ für einen 90°- bzw. 180°-Domänen-Umklappvorgang. Die Materialparameter $G_o$, $p$ und $q$ definieren das Umklappverhalten. Belov und Kreher definieren den Energiebedarf $f_{90}^*$ für ein 90°-Grad-Umklappen als die Hälfte des Energiebedarfs $f_{180}^*$ für einen 180°-Umklappvorgang, d.h. $f_{180}^* = 2 \cdot f_{90}^*$. In der Literatur, vergl. [63], wird auch mit der Beziehung von $f_{180}^* = \sqrt{2} \cdot f_{90}^*$ gerechnet. Die Energiedifferenz $\Delta G$ in Gl. (4.4) wird mit Hilfe eines exponentiellen Verhaltens mit dem aktuellen Volumenanteil $\xi_I$ des Domänetyps $I$ gewichtet.

$$w_{IJ} = w_o\left(\exp\left(-\frac{\Delta G(f)}{k\Theta}\right) - \exp\left(-\frac{\Delta G_0}{k\Theta}\right)\right) \cdot \xi_I^{\alpha} \tag{4.5}$$

Die Materialparameter $\alpha$ und $w_o$ definieren dabei die Dynamik der Volumenzunahme bzw. -abnahme. Das Differentialgleichungssystem, welches die Entwicklung der Volumenanteile beschreibt, wird durch die Bildung der Differenz von stabilisierenden und destabilisierenden Energien, d.h. $w_{IJ}$ und $w_{JI}$, für die jeweilige Domänenvariante definiert:

$$\dot{\xi} = \sum_{I=1, J\neq I}^{M=6} (-w_{IJ} + w_{JI}) \quad . \tag{4.6}$$

Die Anzahl an Volumenanteilen entspricht der Anzahl an Unbekannten. Zur Bestimmung dieser Unbekannten muss ein Differentialgleichungssystem, das aus sechs Differentialgleichungen erster Ordnung besteht, gelöst werden. Die Lösung dieses Differentialgleichungssystems ist nicht trivial. Es wurde eine Vielzahl von Lösungsalgorithmen, die innerhalb von Mathematica zur Verfügung stehen, verglichen. Trotzdem konnte für bestimmte elektromechanische Belastungen keine Lösung des Differentialgleichungssystems berechnet werden. Hierbei ist zu beachten, dass die Lösbarkeit stark von den gewählten Materialparametern abhängig ist. Durch das explizite Eingrenzen des Wertebereichs der Volumenanteile auf den physikalisch möglichen Bereich $0 \leq \xi \leq 1$ mit Hilfe von Sprungfunktionen konnten die Lösungsalgorithmen stabilisiert werden.

### 4.1.1 Temperaturabhängigkeit

In diesem Abschnitt soll die Temperaturabhängigkeit, welche im Materialmodell durch Gl. (4.5) beschrieben wird, untersucht werden. Das elektrische Feld wird zyklisch aufgebracht, wobei die Temperatur innerhalb eines Zyklus jeweils konstant ist. Die daraus resultierenden Schmetterlingshysteresen sind in Abb. 4.2a dargestellt.

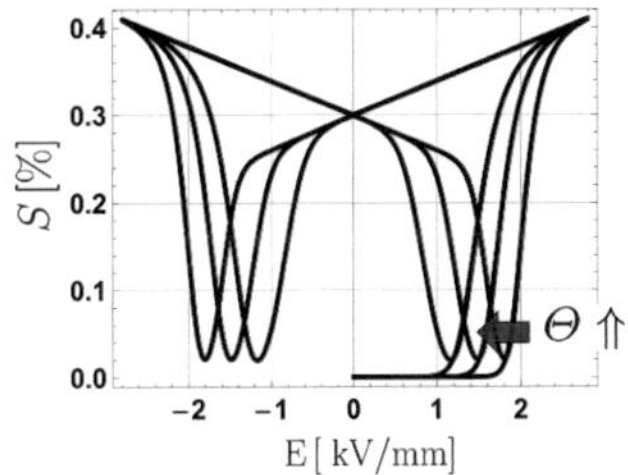


(a) Schmetterlingshysterese in Abhängigkeit von der Temperatur.

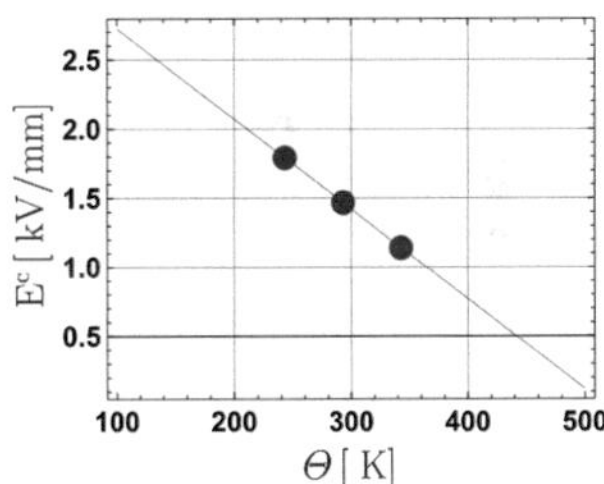


(b) Verlauf der Koerzitivfeldstärke über der Temperatur.

**Abb. 4.2:** Ferroelektrisches Verhalten in Abhängigkeit von der Temperatur $\Theta$.

Aus dem Nulldurchgang der dielektrischen Hysterese wird die Koerzitivfeldstärke $E^c$ bestimmt und für die jeweilige Temperatur in Abb. 4.2b dargestellt. Es ergibt sich eine lineare Abhängigkeit der Koerzitivfeldstärke von der Temperatur. Dabei nimmt die Koerzitivfeldstärke mit fallender Temperatur zu. Diese Gesetzmäßigkeit wird für einen gewissen Temperaturbereich durch Messungen von [32, 39] bestätigt. Analog hierzu steigt in der ferroelastischen Hysterese die Koerzitivspannung mit sinkender Temperatur an.

## 4.1.2 Zeitabhängigkeit

Durch die viskoplastische Formulierung des Materialmodells ist es möglich, die zeitabhängige Entwicklung der remanenten Größen wiederzugeben. Während der elektrischen bzw. mechanischen Belastung wird zu unterschiedlichen Zeitpunkten die Belastung für einen gleichen Zeitraum konstant gehalten. Hieraus ergeben sich die in Abb. 4.3 dargestellten Hysteresen, deren Verläufe maßgeblich über den Parameter $w_o$ in Gl. (4.5) beeinflusst werden.

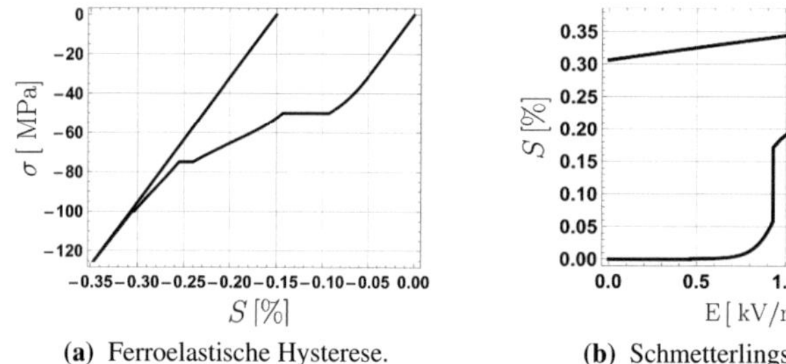

(a) Ferroelastische Hysterese.          (b) Schmetterlingshysterese.

**Abb. 4.3:** Zeitabhängigkeit des Materialverhaltens.

Die Simulation zeigt, dass die zeitliche Entwicklung der remanenten Größen einer exponentiellen Funktion folgt. Dieses Materialverhalten wurde z.B. in der Arbeit von [109] gemessen. Die Wiedergabe von so genannten „Sub-Hysteresen" ist nicht möglich, da während der Entlastung keine treibende Kraft für eine Änderung der remanenten Größen vorhanden ist. Erhöht man die Frequenz des zyklischen elektrischen Feldes, so erhöht sich die Koerzitivfeldstärke. Somit verhält sich die Koerzitivfeldstärke, aber auch die Koerzitivspannung gleich, wenn die Temperatur sinkt oder die Frequenz der Belastung sich erhöht, siehe Abb. 4.2a.

### 4.1.3 Homogenisierungsmethode

Die Struktur des von Belov und Kreher vorgeschlagenen Modells basiert auf einem mikromechanischen Modell mit einer tetragonalen Einheitszelle. Durch geeignete Homogenisierungsmethoden kann das mikromechanische Modell auf die nächst höhere Skala überführt werden, um so auch makroskopische Problemstellungen zu lösen. Eine mögliche Methode ist die Betrachtung von zueinander unterschiedlich orientierten Systemen. Jedes System repräsentiert hierbei eine bestimmte Kornorientierung. Die Anzahl an möglichen Orientierungen und deren Ausrichtung zueinander sind so gewählt, dass das Materialverhalten für eine nicht gepolte Keramik isotrop ist. Ausgehend von diesem depolarisierten Zustand sollte eine Belastung in eine beliebige Raumrichtung auch makroskopisch das identische Verhalten zeigen. Für die Untersuchung der isotropen Eigenschaft

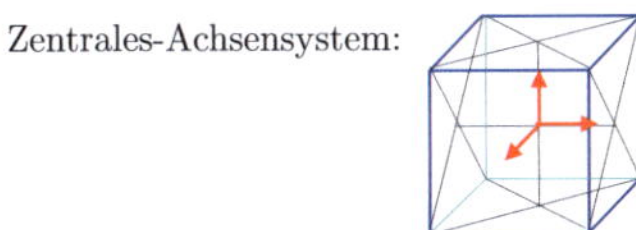


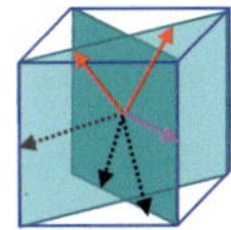
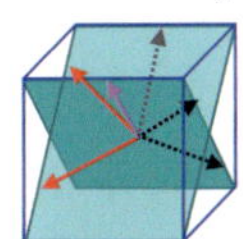
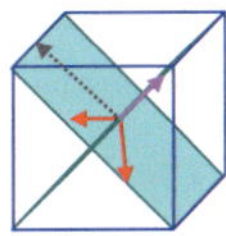


**Abb. 4.4:** Lage der rotierten Systeme.

wird die in [6] vorgeschlagene Homogenisierungsmethode gewählt. Es werden sechs zusätzliche Systeme mit Hilfe der diagonalen Ebenen eines Würfels definiert, siehe Abb. 4.4. Pro Ebene liegen zwei Richtungsvektoren in der Ebene (rot), ein dritter Richtungsvektor steht senkrecht auf der Ebene (magenta). Der zur Ebene senkrecht stehende Vektor schneidet die Würfelkante mittig. Ein siebtes System entspricht dem zentral im Würfel stehenden Achsensystem. Alle Systeme werden mit dem im Raum gleich orientierten elektrischen Feld und der gleichen mechanischen Spannung belastet (Reuss-Methode). Zu Beginn wird eine Gleichverteilung der Volumenanteile in jedem System angenommen. Somit ist ein isotroper Anfangszustand sichergestellt.

## Polykristallines Materialverhalten

Das ferroelektrische Materialverhalten eines Einkristalls ist in Abb. 4.5a dargestellt. Der Einkristall wird durch ein System mit sechs Volumenanteilen simuliert und in Richtung einer Kristallachse belastet. Das Verhalten eines Polykristalls, der durch sieben Systeme mit jeweils sechs Volumenanteilen simuliert wird, ist in Abb. 4.5b dargestellt. Auffällig ist die Reduktion der Sättigungsdehnung auf etwa ein Drittel des Wertes des in Achsenrichtung belasteten Einkristalls. Für das Erreichen des vollständig gepolten Zustandes wird im Fall des Polykristalls ein höheres elektrisches Feld von 6 kV/mm benötigt. Des Weiteren lassen sich nur im Polykristall zwei Energiebarrieren bei etwa 1.5 kV/mm und 4 kV/mm erkennen.

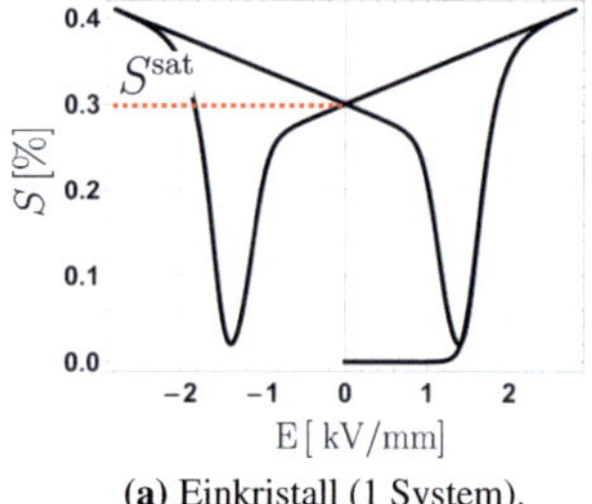


(a) Einkristall (1 System).

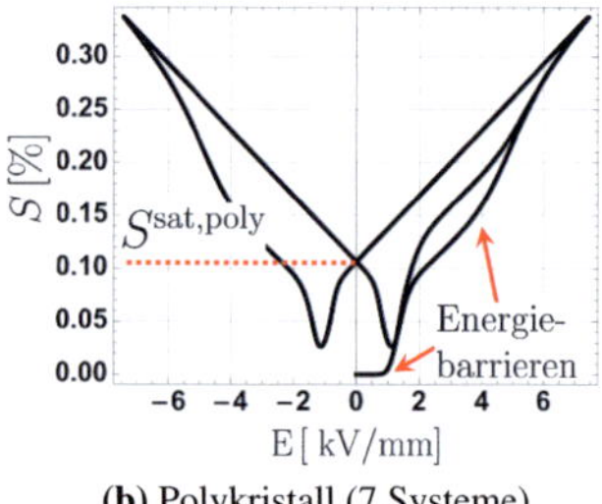


(b) Polykristall (7 Systeme).

**Abb. 4.5:** Vergleich der Schmetterlingshysteresen für den in Richtung des zentralen-Achsensystems, siehe Abb. 4.4, belasteten Ein- und Polykristall.

Für das rein mechanische Verhalten, dargestellt in Abb. 4.6, ergibt sich beim Vergleich des Polykristalls mit dem in Achsenrichtung belasteten Einkristalls ein analoges Verhalten. Die Sättigungsdehnung unter Zugspannung (entspricht der Sättigungsdehnung im vollgepolten Zustand) beträgt beim Polykristall ein Drittel des Wertes des Einkristalls. Die Sättigungsdehnung wird im Fall des Polykristalls erst bei größeren mechanischen Spannungen erreicht und es existieren hier zusätzliche Energiebarrieren durch die Berücksichtigung von sieben Systemen. Für den Einkristall ergibt die ferroelastische Hysterese in Abb. 4.6a das für mikromechanische Modelle mit sechs orthogonalen Volumenanteilen charakteristische Verhältnis von 1:2 zwischen der remanenten Dehnung unter Zug- und Druckspannung. Im Polykristall, siehe Abb. 4.6b, verändert sich dieses Verhältnis auf 1:1.3, welches mit Ergebnissen aus der Arbeit [23] gut übereinstimmt.

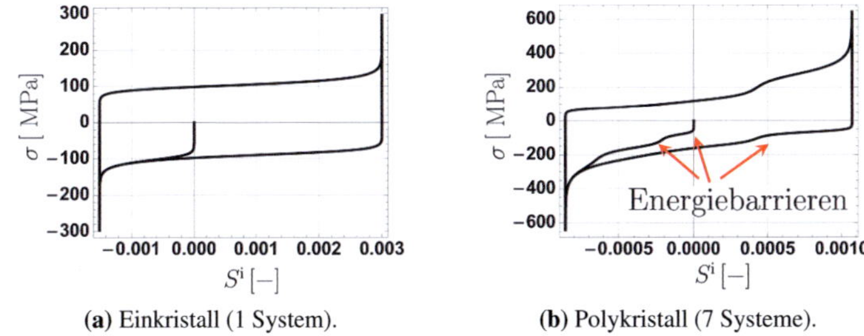

(a) Einkristall (1 System).      (b) Polykristall (7 Systeme).

**Abb. 4.6:** Vergleich der ferroelastischen Hysterese für die in Richtung des zentralen-Achsensystems, siehe Abb. 4.4, belasteten Ein- und Polykristall.

### Abhängigkeit von der Belastungsrichtung

Ausgehend vom ungepolten Zustand ist das makroskopische Materialverhalten isotrop. Dies beinhaltet, dass das Materialverhalten unabhängig von der Belastungsrichtung ist. Für eine Untersuchung dieser Eigenschaft wird ein elektrisches Feld in unterschiedliche Richtungen aufgebracht, wobei nicht der Betrag, sondern nur die Richtung variiert. Dabei wird die Richtung des elektrischen Feldes durch zwei Winkel beschrieben, wie sie in Abb. 4.7 dargestellt sind.

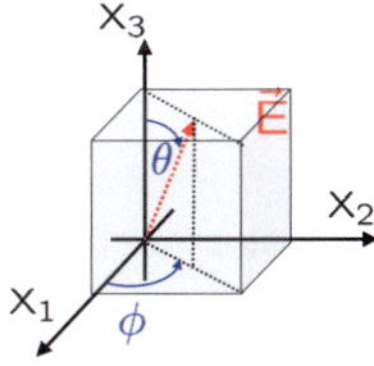

**Abb. 4.7:** Rotation des elektrischen Feldes.

Ein isotropes Materialverhalten kann prinzipiell mit einer hinreichend großen Anzahl von unterschiedlichen Systemen gewährleistet werden. Die in [8] gewählte Anzahl von sieben Systemen mit jeweils sechs Volumenanteilen ist ein Kompromiss hinsichtlich einer effizienten Implementierung in eine Finite-Elemente-Umgebung, da mit der Anzahl der betrachteten Systeme auch die Zeit für die Simulation des Materialverhaltens linear ansteigt. Die remanente

Polarisation und die remanente Dehnung werden in Richtung des angelegten elektrischen Feldes ausgewertet und auf den Belastungsfall in Richtung der $x_3$-Achse ($\phi = \theta = 0°$) normiert. Bei einem von der Belastungsrichtung unabhängigen Materialverhalten sollten die normalisierte Polarisation und die normalisierte Dehnung nur geringfügig um den Wert eins variieren. Ausgewertet werden die Größen bei maximaler Belastung durch das elektrische Feld. Dazu wird das elektrische Feld so groß gewählt, dass das Material vollständig gepolt wird. Eine Auswertung bei geringeren Feldstärken ergab qualitativ ähnliche Ergebnisse. In Abb. 4.8 werden die Verläufe der normierten dielektrischen

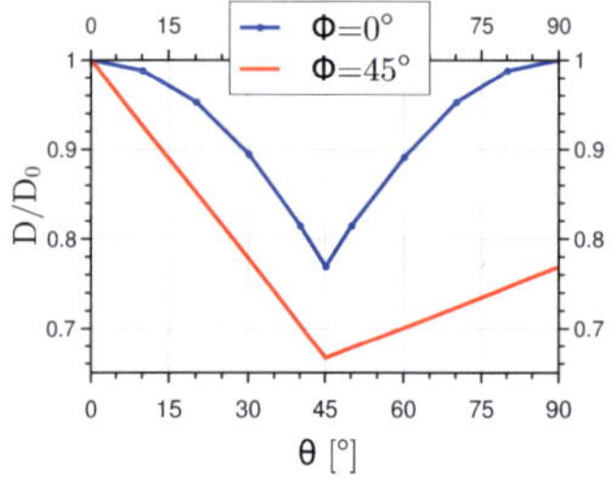

(a) Normierte dielektrische Verschiebung.

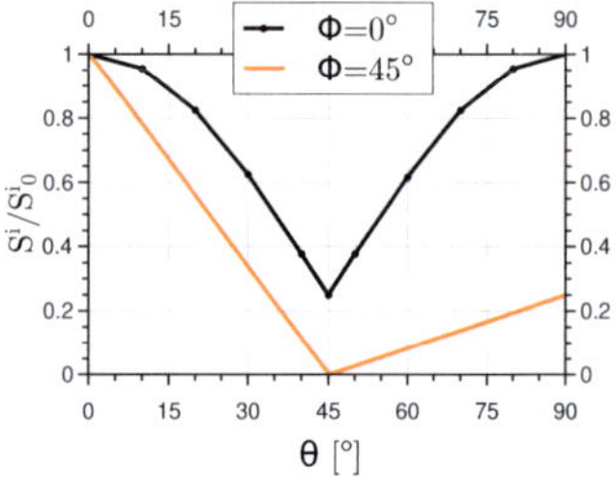

(b) Normierte remanente Dehnung.

**Abb. 4.8:** Vergleich der normierten Größen für unterschiedliche Orientierungen des äußeren elektrischen Feldes bei der Simulation eines Systems.

Verschiebung und der normierten remanenten Dehnung für die Simulation mit einem System dargestellt. Die Richtung des elektrischen Feldes wurde für zwei feste Winkel $\phi = 45°$ und $\phi = 90°$ durch den Winkel $\theta$ variiert. Die Simulation hat gezeigt, dass das Materialverhalten bei nur sechs verschiedenen Domänenorientierung abhängig von der Belastungsrichtung ist, da die normierten Größen in Abb. 4.8 z.T. stark vom Wert eins abweichen. Eine Belastung in Richtung der Raumdiagonalen ($\theta = \phi = 45°$) bewirkt eine gleichzeitige Entwicklung von drei Volumenanteilen, die auf Grund ihrer Orientierung zur Belastungsrichtung vom Betrag gleich sind. Die Summe der spontanen Dehnungen, gewichtet mit deren Volumenanteilen, siehe Gl. (4.2), ergibt die remanente Dehnung. Für diesen Belastungsfall verschwindet die remanente Dehnung, siehe Abb. 4.8b, und die dielektrische Verschiebung reduziert sich um ein Drittel, siehe Abb. 4.8a. Somit ist die remanente Dehnung im Vergleich zur dielektrischen Verschiebung ein sensitiverer Indikator zur Beurteilung der Abhängigkeit von der Belastungsrichtung.

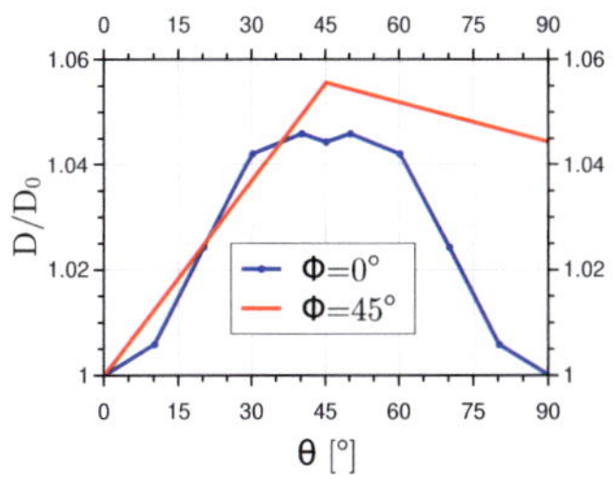 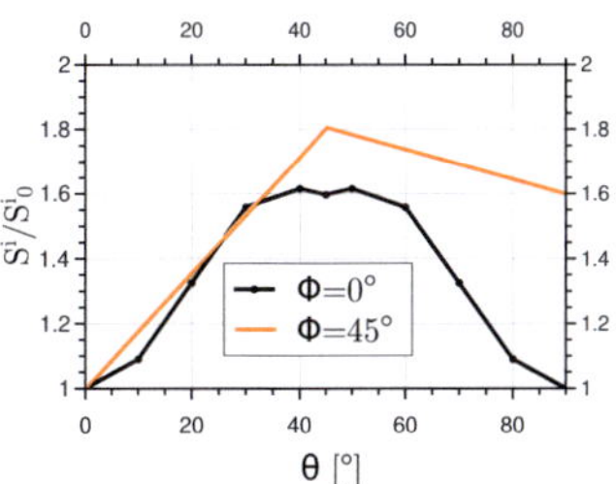

**(a)** Normierte dielektrische Verschiebung.     **(b)** Normierte remanente Dehnung.

**Abb. 4.9:** Vergleich der normierten Größen für unterschiedliche Orientierungen des äußeren elektrischen Feldes bei einer Simulation von sieben Systemen.

In Abb. 4.9 wird das Materialverhalten für die Simulation mit sieben Systemen, d.h. 42 unterschiedlichen Domänenorientierungen, dargestellt. Der relative Fehler bezgl. des Wertes eins ist für die dielektrische Verschiebung kleiner als 6% und somit zu vernachlässigen, siehe Abb. 4.9a. Die remanente Dehnung in Abb. 4.9b ist allerdings um den Faktor 1.8 größer, wenn in Richtung der Raumdiagonalen gepolt wird. In analoger Weise wurde diese Untersuchung in [6] durchgeführt. Die veröffentlichten Ergebnisse stimmen qualitativ mit den hier dargestellten Ergebnissen überein, wobei in [6] nur der Verlauf der dielektrischen Verschiebung in Abb. 4.9a beurteilt wird. Die Ursache für die hier identifizierte Abhängigkeit von der Belastungsrichtung liegt nicht an den konstitutiven Gleichungen des Belov-Kreher-Modells, sondern es resultiert aus der Geometrie, d.h. der Anzahl der berücksichtigten Systeme und deren Orientierungen zueinander sowie der Anzahl an Volumenanteilen pro System und deren Orientierungen. Durch eine geschickte Wahl der geometrischen Parameter kann die Abhängigkeit von der Belastungsrichtung der gewählten Homogenisierungsmethodik maßgeblich beeinflusst werden. Eine optimale Anordnung, auch im Hinblick auf die Berechnungsdauer, wurde jedoch in dieser Arbeit und in der Literatur noch nicht gefunden. In der Arbeit [51] wird die Orientierung der Volumenanteile basierend auf einem regulären Dodecaeder vorgeschlagen. So können 30 bzw. 210 unterschiedliche Orientierungen berücksichtigt werden. Eine Untersuchung der Abhängigkeit von der Belastungsrichtung wurde in der Arbeit nicht durchgeführt.

Eine Berücksichtigung von mehr als sieben Systemen ist für eine Finite-Elemente-Implementierung hinsichtlich des benötigten Rechenaufwandes nicht sinnvoll. Die hier gezeigte Abhängigkeit von der Belastungsrichtung, die bei dem Belov-Kreher-Modell und der gewählten Homogenisierung auftritt, ist nicht akzeptabel. Sie ist der Grund für die Entwicklung eines phänomenologischen Materialmodells zur Beschreibung des makroskopischen Verhaltens von Ferroelektrika.

## 4.2 Phänomenologisches Materialmodell

Unter dem Begriff der phänomenologischen Modellierung versteht man die Beschreibung von empirischen Beobachtungen mit Hilfe von Modellen, die im Einklang mit den grundlegenden Theorien sind, aber nicht direkt aus ihnen abgeleitet werden. Sie ermöglicht einen einfachen Zugang zu der Modellierung von komplexen Verhalten, allerdings meist nur für einen gewissen Anwendungsbereich.

In Kap. 4.2.1 werden die konstitutiven Gleichungen des Materialmodells vorgestellt. Diese definieren ein Differentialgleichungssystem, für dessen Lösung in Kap. 4.2.2 ein angepasster Integrationsalgorithmus dargestellt wird. Für die Validierung des Materialmodells und für die Lösung des verwendeten Integrationsalgorithmus werden in Kap. 4.2.3 Simulationsergebnisse aus elektromechanischen Belastungen diskutiert.

### 4.2.1 Konstitutive Gleichungen

Im Rahmen dieser Arbeit wurde ein neues Materialmodell entwickelt, welches die dielektrische Verschiebung $\vec{D}$ sowie die Dehnung $S$ als Eingangsgrößen zur Beschreibung des nichtlinearen Verhaltens von Piezoelektrika verwendet. Das neue Modell eignet sich deswegen insbesondere für die in Kap. 3.1.2 vorgestellte hybride Elementformulierung. Dadurch ist es möglich, die besseren numerischen Eigenschaften dieser Variationsformulierung zu nutzen und die Ladungstransportphänomene in Ferroelektrika zu untersuchen. Eine grundlegende Annahme, welche durch das Hystereseverhalten nahe liegt, ist die additive Zerlegung der Dehnung und der Polarisation entsprechend

$$S = S^{\mathrm{r}} + S^{\mathrm{i}} \tag{4.7}$$

$$\vec{P} = \vec{P}^{\mathrm{r}} + \vec{P}^{\mathrm{i}} \quad . \tag{4.8}$$

Die irreversiblen, auch als remanent bezeichneten, Anteile $S^{\mathrm{i}}$ und $\vec{P}^{\mathrm{i}}$ sind abhängig von der Belastungsgeschichte, den unabhängigen Größen der dielektrischen Verschiebung $\vec{D}$ und der mechanischen Spannung $\sigma$. Sie definieren den aktuellen makroskopischen Zustand des Materials und werden deswegen auch als innere Variablen bezeichnet. Die reversiblen Größen $S^{\mathrm{r}}$ und $\vec{P}^{\mathrm{r}}$ verschwinden dagegen nach dem Entlasten wieder. Diese reversiblen Anteile können mit Hilfe der linearen piezoelektrischen Gleichungen

$$
\begin{aligned}
S^{\mathrm{r}} &= \mathbb{C}^{-1} : \sigma + \hat{d}^{T} \cdot \vec{E} \\
\vec{P}^{\mathrm{r}} &= \quad \hat{d} : \sigma + \kappa \cdot \vec{E}
\end{aligned}
\tag{4.9}
$$

bestimmt werden. Im Folgenden wird auf die in Gl. (4.9) auftretenden Größen genauer eingegangen. Der Elastizitätstensor $\mathbb{C}$ wird entsprechend der Formel

$$
\mathbb{C} = 2\mu\left(\mathbb{I} + \frac{\nu}{1 - 2\nu} I \otimes I\right)
\tag{4.10}
$$

aufgebaut und als isotrop bzw. unabhängig von der Belastungsgeschichte angenommen. Hierbei ist $\mu$ das Schubmodul, $\nu$ die Querkontraktionszahl (Poissonzahl), $I$ der Einheitstensor zweiter Stufe und $\mathbb{I}$ der Einheitstensor vierter Stufe. Experimentelle Untersuchungen in [111] zeigen eine Abhängigkeit der Steifigkeit von den aufgetretenen Belastungen. Diese ist aber im Detail noch nicht verstanden, obwohl ihr Einfluss nicht unerheblich ist [111]. Eine mögliche Vorgehensweise, die angibt, wie der Elastizitätstensor in Abhängigkeit einer Polungsrichtung aufgebaut werden kann, ist in [50] beschrieben.

Der Dielektrizitätstensor $\kappa$ wird als isotrop betrachtet und entsprechend

$$
\kappa = \kappa I
\tag{4.11}
$$

durch Multiplikation der dielektrischen Konstante $\kappa$ mit dem Einheitstensor $I$ aufgebaut. In Messungen zeigt der Dielektizitätstensor ein nichtlineares Hystereseverhalten [98, 111], welches im Modell in Gl. (4.11) nicht berücksichtigt wird. Eine mögliche Implementierung einer transversalen Anisotropie in Abhängigkeit von der Richtung der remanenten Polarisation ist in [47] beschrieben. Von zentraler Bedeutung ist der piezoelektrische Tensor $d$, der die Kopplung von mechanischen und elektrischen Größen beschreibt. Die makroskopische Kopplung ist im depolarisierten Zustand (z.B. nach dem Sintern) nicht vorhanden. Sie entwickelt sich erst durch ein äußeres elektrisches Feld, welches die Domänen in eine Vorzugsrichtung orientiert. Hierdurch entsteht eine makroskopisch remanente Polarisation. Die Achse dieser Polarisation beschreibt im Modell die transversale Isotropie der elektromechanischen Kopplung. Die

Richtung der remanenten Polarisation $\vec{\mathrm{P}}^{\mathrm{i}}$ wird durch den Einheitsvektor

$$\vec{e}^{\,\mathrm{P}^{\mathrm{i}}} = \frac{\vec{\mathrm{P}}^{\mathrm{i}}}{\|\vec{\mathrm{P}}^{\mathrm{i}}\|} \tag{4.12}$$

angegeben. Der lineare Zusammenhang zwischen dem piezoelektrischen Tensor

$$\hat{d}_{kij} = \frac{\|\vec{\mathrm{P}}^{\mathrm{i}}\|}{\mathrm{P}^{\mathrm{sat}}} \left[ d_{\|} \left( e_i^{\mathrm{P}^{\mathrm{i}}} e_j^{\mathrm{P}^{\mathrm{i}}} e_k^{\mathrm{P}^{\mathrm{i}}} \right) \right.$$
$$+ d_{\perp} \left( \delta_{ij} - e_i^{\mathrm{P}^{\mathrm{i}}} e_j^{\mathrm{P}^{\mathrm{i}}} \right) e_k^{\mathrm{P}^{\mathrm{i}}} \tag{4.13}$$
$$\left. + d_{=} \frac{1}{2} \left( \left( \delta_{ki} - e_k^{\mathrm{P}^{\mathrm{i}}} e_i^{\mathrm{P}^{\mathrm{i}}} \right) e_j^{\mathrm{P}^{\mathrm{i}}} + \left( \delta_{kj} - e_k^{\mathrm{P}^{\mathrm{i}}} e_j^{\mathrm{P}^{\mathrm{i}}} \right) e_i^{\mathrm{P}^{\mathrm{i}}} \right) \right] .$$

und der remanenten Polarisation zeigt die gewünschte Abhängigkeit, da im ungepolten Zustand $\|\vec{\mathrm{P}}^{\mathrm{i}}\| = 0$ keine Kopplung vorliegt. Im vollgepolten Zustand ist $\|\vec{\mathrm{P}}^{\mathrm{i}}\| = \mathrm{P}^{\mathrm{sat}}$ und entspricht die Polungsrichtung der $x_3$-Richtung ($\vec{e}^{\,\mathrm{P}^{\mathrm{i}}} = \vec{e}_3$), so sind $d_{\|}, d_{\perp}, d_{=}$ die linearen piezoelektrischen Konstanten $d_{33}, d_{31}, d_{15}$ in der Voigt-Notation bzw. $d_{333}, d_{311}, 2d_{131}$ in der Tensor-Notation.
Für die Wiedergabe des Hystereseverhaltens, siehe Kap. 2.1, müssen die remanenten Anteile bestimmt werden. In Analogie zur Vorgehensweise im Bereich der Metallplastizität werden vier Fließflächen definiert, die das nichtlineare Verhalten wiedergeben. Bei der Schmetterlingshysterese und der dielektrischen Hysterese kommt es erst nach dem Überschreiten eines bestimmten Grenzwertes zu einer remanenten Veränderung. Die skalare Funktion

$$f^{\mathrm{d}} = \left\| \vec{\mathrm{D}} - c^{\mathrm{d}} \vec{\mathrm{P}}^{\mathrm{i}} \right\| - \hat{\mathrm{D}}^{\mathrm{c}}(\sigma, \vec{\mathrm{P}}^{\mathrm{i}}) \tag{4.14}$$

definiert diese Fließfläche. Der Materialparameter $c^{\mathrm{d}}$ wird aus der Steigung im nichtlinearen Bereich der dielektrischen Hysterese bestimmt und kann durch die Beziehung

$$c^d = \frac{1 + c^{\mathrm{e}}(\kappa + \epsilon)}{c^{\mathrm{e}}} \tag{4.15}$$

in den Materialparameter $c^{\mathrm{e}}$ des Modells in [48] umgerechnet werden. Für die Wiedergabe des rein elektrischen Materialverhaltens ist $\hat{\mathrm{D}}^{\mathrm{c}} = \mathrm{D}^{\mathrm{c}}$ eine Konstante, die aus der Koerzitivfeldstärke $\mathrm{E}^{\mathrm{c}}$ entsprechend

$$\mathrm{D}^{\mathrm{c}} = \mathrm{E}^{\mathrm{c}}(\epsilon_0 + \kappa) \tag{4.16}$$

bestimmt wird. Ist dem elektrischen Feld eine mechanische Spannung überlagert, so ist die Größe $\hat{D}$ abhängig von der mechanischen Spannung und der
remanenten Polarisation. Dieser Zusammenhang wird durch

$$\hat{D}^c(\sigma, \vec{P}^i) = D^c \left( 1 + \|\mathbb{d} : \sigma\| \lfloor \vec{e}^{P^i} \cdot \sigma^{Dev} \cdot \vec{e}^{P^i} \rceil \right) \tag{4.17}$$

definiert. Der Ausdruck $\vec{e}^{P^i} \cdot \sigma^{Dev} \cdot \vec{e}^{P^i}$ wertet die in Richtung der remanenten
Polarisation wirkende Normalspannungskomponente des Spannungsdeviators
aus. Die Klammer $\lfloor x \rceil$ steht für die Heaviside-Funktion:

$$\lfloor x \rceil = \begin{cases} 1, & x \geq 0 \\ 0, & x < 0 \end{cases} . \tag{4.18}$$

Die Gleichung (4.17) drückt die Annahme aus, dass eine Druckspannung senkrecht zur Polungsrichtung keine Depolarisation verursacht, eine Zugspannung
senkrecht zur Polungsrichtung jedoch zu einer mechanischen Depolarisation führen kann. Anstelle der Heaviside-Funktion könnte auch eine Tangens-
Hyperbolicus-Funktion verwendet werden, die den Übergang in Gl. (4.17)
„runder" gestaltet und damit vielleicht numerische Vorteile hat. Die Fließfläche
in Gl. (4.14) hat eine kinematische und eine isotrope Verfestigung, die über die
Parameter $c^d$ und $\hat{D}^c$ gesteuert werden.
Ein fundamentaler Unterschied zwischen der Modellierung des elastisch-
plastischen Verhaltens von Metallen im Vergleich zur Modellierung von Ferroelektrika besteht darin, dass bei Ferroelektrika bei einer kontinuierlichen
Erhöhung der Belastung die Entwicklung der irreversiblen bzw. remanenten
Anteile zu einem gewissen Zeitpunkt stoppt. Das Umklappen von Domänen bzw.
die Entwicklung der remanenten Polarisation stoppt, wenn die Sättigungsgrenze
$P^{sat}$ erreicht ist. Dieses Verhalten wird durch eine zweite Fließfläche

$$h^d = \left\| \vec{P}^i \right\| - P^{sat} \tag{4.19}$$

beschrieben. Diese ist bei $\left\| \vec{P}^i \right\| = P^{sat}$ aktiv, d.h. wenn das Material den voll-
ständig makroskopisch gepolten Zustand erreicht hat. Das Einführen einer
zusätzlichen und relativ einfachen Fließbedingung zur Wiedergabe des Sätti-
gungsverhaltens scheint evtl. kompliziert, ist aber eine sehr zuverlässige Implementierung. In der Arbeit von [113] wird das Sättigungsverhalten über einen
von der Polarisation abhängigen kinematischen Verfestigungsparameter (in
dieser Formulierung entspricht dies $c^d$) berücksichtigt. Hierdurch wird für die
Modellierung des ferroelektrischen Verhaltens nur eine Fließfläche benötigt.
Die bis hier ausgeführte Vorgehensweise wird in Abb. 4.10 dargestellt. Aus-

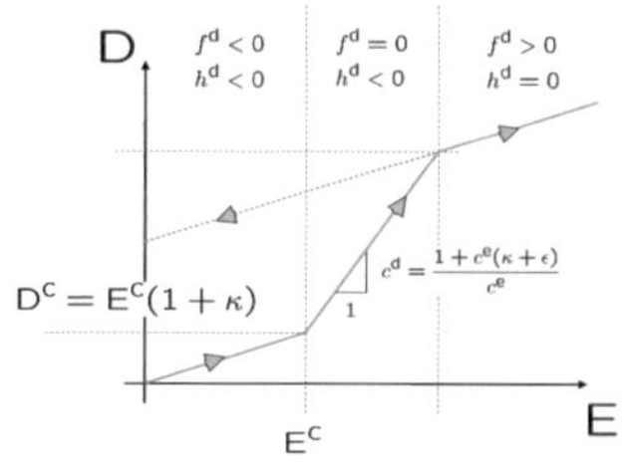
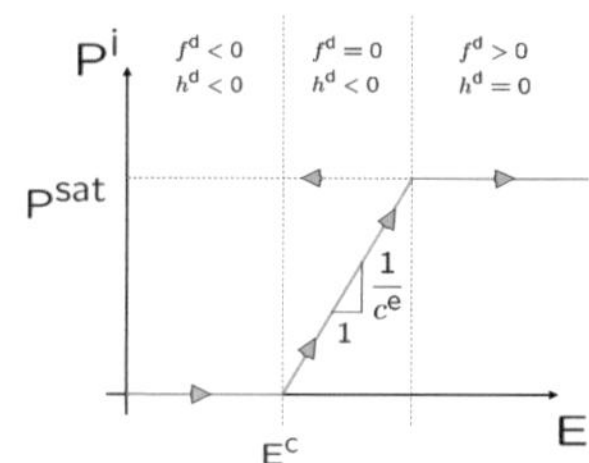

(a) Dielektrische Hysterese.          (b) Entwicklung der remanenten Polarisation.

**Abb. 4.10:** Beschreibung des ferroelektrischen Materialverhaltens im phänomenologischen Materialmodell.

gehend von einem makroskopisch ungepolten Zustand wird das anliegende elektrische Feld kontinuierlich erhöht. Die dielektrische Verschiebung nimmt in Abb. 4.10a zunächst solange linear zu, wie die Fließfunktion $f^{\mathrm{d}}$ kleiner als null ist. Beim Überschreiten der Koerzitivfeldstärke $E^{\mathrm{c}}$ beginnen sich die Domänen in Richtung des elektrischen Feldes zu orientieren. Es kommt zur Entwicklung einer remanenten Polarisation, siehe Abb. 4.10b. Die Fließfunktion $f^{\mathrm{d}}$ ist in dieser Phase gleich null. Wird die Sättigungspolarisation $P^{\mathrm{sat}}$ erreicht, so ist die Sättigungsfunktion $h^{\mathrm{d}}$ gleich null und die Entwicklung der remanenten Polarisation wird gestoppt. Das Sättigungskriterium besitzt eine höhere Priorität. Deswegen ist in diesem Bereich eine Verletzung der Fließfunktion $f^{\mathrm{d}} > 0$ zulässig. Die Steigung der dielektrischen Hysterese im gesättigten Zustand entspricht der eines reversiblen Dielektrikums (identisch zum ungepolten Zustand).
Die Nichtlinearität bzw. die Entwicklung der remanenten Polarisation wird abschnittsweise durch Geraden wiedergegeben. Die Evolutionsgleichung für $\dot{\vec{P}}^{\mathrm{i}}$ kann wie folgt angegeben werden:

$$\dot{\vec{P}}^{\mathrm{i}} = \begin{cases} 0 & : \text{Fall 1} \\[2ex] \lambda_{f^{\mathrm{d}}}\left(\dfrac{\partial f^{\mathrm{d}}}{\partial \vec{D}}\right) & : \text{Fall 2} \\[2ex] \lambda_{h^{\mathrm{d}}}\left(\dfrac{\partial h^{\mathrm{d}}}{\partial \vec{P}^{\mathrm{i}}}\right) & : \text{Fall 3} \end{cases} \tag{4.20}$$

Diese ist eine von der Geschwindigkeit unabhängige, homogene Differentialgleichung ersten Grades. Die Proportionalitätsfaktoren $\lambda_{f^{\mathrm{d}}}$ bzw. $\lambda_{h^{\mathrm{d}}}$ bestimmen den

Betrag des Inkrementes und werden durch die Konsistenzbedingungen $\dot{f}^{\mathrm{d}} = 0$ bzw. $\dot{h}^{\mathrm{d}} = 0$ bestimmt. Die Fälle 1 bis 3 entsprechen den Unterteilungen auf der x-Achse in Abb. 4.10.

Das Umklappen der Domänen führt zu einer irreversiblen, remanenten Dehnung $S^{\mathrm{i}}$, die durch mechanische Spannungen und durch die Ausrichtung der remanenten Polarisation verursacht wird. Damit beide Effekte unabhängig voneinander betrachtet werden können, wird die remanente Dehnung

$$S^{\mathrm{i}} = S^{\mathrm{ip}} + S^{\mathrm{im}} \tag{4.21}$$

in zwei Teile zerlegt: In die remanente ferroelastische Dehnung $S^{\mathrm{im}}$ und in die durch die remanente Polarisation induzierte Dehnung $S^{\mathrm{ip}}$. Für die Wiedergabe des ferroelektrischen Materialverhaltens ist die remanente, ferroelektrische Dehnung $S^{\mathrm{ip}}$ direkt über die Gleichung

$$S^{\mathrm{ip}} = \frac{3}{2} S^{\mathrm{sat}} \frac{\left\|\vec{P}^{\mathrm{i}}\right\|}{P^{\mathrm{sat}}} \left(\vec{e}^{\,\mathrm{P^i}} \otimes \vec{e}^{\,\mathrm{P^i}} - \frac{1}{3}\,I\right) \tag{4.22}$$

mit der remanenten Polarisation verknüpft. Im Fall einer vollständigen Polung $\left\|\vec{P}^{\mathrm{i}}\right\| = P^{\mathrm{sat}}$, z.B. in die Richtung $\vec{e}_1$, ist die ferroelektrische Dehnung

$$S^{\mathrm{ip}} = S^{\mathrm{sat}} \cdot \begin{pmatrix} 1 & 0 & 0 \\ 0 & -\frac{1}{2} & 0 \\ 0 & 0 & -\frac{1}{2} \end{pmatrix} \,. \tag{4.23}$$

Daraus wird deutlich, dass die ferroelektrische Dehnung rein deviatorisch ist. Untersucht man das rein ferroelektrische Verhalten, dann ist $S^{\mathrm{im}} = 0$. Somit ist es möglich, die Schmetterlingshysterese wiederzugeben. Dazu muss das elektrische Feld mit einer Amplitude oberhalb der Koerzitivfeldstärke zyklisch angeregt werden. In Abb. 4.11 ist eine Schmetterlingshysterese schematisch dargestellt. Im ungepolten Zustand ist keine Kopplung zwischen Dehnung und elektrischem Feld vorhanden. Beim Überschreiten der Koerzitivfeldstärke kommt es zur Entwicklung der remanenten Polarisation und gekoppelt damit, siehe Gl. (4.22), zu einer remanenten Dehnung. Durch die vorhandene elektromechanische Kopplung ist der remanenten Dehnung $S^{\mathrm{ip}}$ eine reversible Dehnung $S^{\mathrm{r}}$ überlagert. Ist der gesättigte Bereich erreicht, so ist die Kopplung maximal und die ferroelektrische Dehnung bleibt konstant. Auf Grund des linearen piezoelektrischen Effekts nimmt die reversible Dehnung bei einem steigenden elektrischen Feld weiter zu. Ohne anliegendes elektrisches Feld verbleibt im Material eine remanente Dehnung, die der Sättigungsdehnung $S^{\mathrm{sat}}$ entspricht. Bisher wurde nur das ferroelektrische Materialverhalten untersucht und der

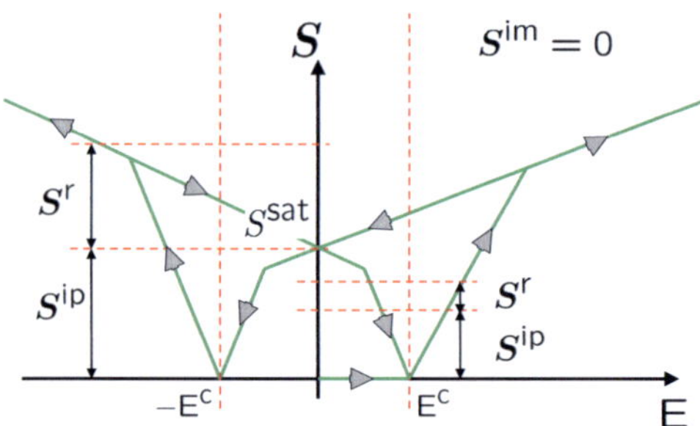


**Abb. 4.11:** Schematische Darstellung der Schmetterlingshysterese für das phänomenologische Materialmodell.

Einfluss der mechanischen Spannung vernachlässigt. Im Folgenden wird auf die Modellierung der Ferroelastizität eingegangen. Durch eine mechanische Belastung können Domänen umklappen. Allerdings existieren hierfür immer mehrere gleich wahrscheinliche Richtungen, siehe z.B. Abb. 2.3. Deshalb kann sich keine gerichtete, makroskopische Polarisation entwickeln. Ist keine Anfangspolarisation vorhanden, so kann das ferroelastische Materialverhalten entkoppelt betrachtet werden. Dann gilt für die gesamte remanente Dehnung $S^i = S^{im}$. Die Vorgehensweise folgt der Struktur für die ferroelektrische Modellierung und ist identisch mit der dreidimensionalen Formulierung von [10]. Der Übergang vom elastischen zum inelastischen Bereich wird über die Von-Mises-Fließfunktion

$$f^m = \sqrt{\frac{3}{2}} \|(\boldsymbol{\sigma} - c^m \mathbf{S}^{im})^{\mathrm{Dev}}\| - \hat{\sigma}^c(\vec{\mathbf{E}}, \vec{\mathbf{P}}^i) \tag{4.24}$$

definiert, deren Struktur analog zu Gl. (4.14) ist. Ausgehend von einem ungepolten Material ohne überlagertes elektrisches Feld, ist die Koerzitivspannung $\hat{\sigma}^c = \sigma^c$ und $c^m$ beschreibt eine kinematische Verfestigung. Eine vorhandene Polarisation kann je nach Orientierung zum überlagerten elektrischen Feld den Polungszustand stabilisieren oder destabilisieren. Die Gleichung

$$\hat{\sigma}^c(\vec{\mathbf{E}}, \vec{\mathbf{P}}^i) = \left\langle \sigma^c + h \frac{\vec{\mathbf{E}}}{\mathbf{E}^c} \cdot \vec{e}^{\,\mathrm{P}^i} \right\rangle \tag{4.25}$$

stellt einen Zusammenhang zwischen $\sigma^c$, der remanenten Polarisation und dem elektrischen Feld her. Dabei beschreibt die Klammer $\langle x \rangle$ die Eigenschaft

$$\langle x \rangle = \begin{cases} x & : \ x \geq 0 \\ 0 & : \ x < 0 \end{cases} \tag{4.26}$$

und gewährleistet somit, dass die Koerzitivspannung $\hat{\sigma}^c$ nicht negativ wird. Die Größe $h$ ist ein nicht negativer Materialparameter, der die elektromechanische Kopplung definiert. Ein elektrisches Feld in Polungsrichtung, d.h. $\vec{E} \cdot \vec{e}^{Pi} > 0$, erhöht die Koerzitivspannung und ein entgegengesetztes Feld, d.h. $\vec{E} \cdot \vec{e}^{Pi} < 0$, reduziert diese. Ist die Sättigungsdehnung $S^{\text{sat}}$ erreicht, sorgt die Fließfunktion

$$h^{\text{m}} = \sqrt{\frac{2}{3}} \|\mathbf{S}^{\text{im}}\| - \left( S^{\text{sat}} - \sqrt{\frac{2}{3}} \|\mathbf{S}^{\text{ip}}\| \right) \ , \tag{4.27}$$

dafür, dass die Entwicklung der mechanisch induzierten, remanenten Dehnung $\mathbf{S}^{\text{im}}$ gestoppt wird. Die in Gl. (4.27) berücksichtigte Differenz $\left( S^{\text{sat}} - \sqrt{\frac{2}{3}} \|\mathbf{S}^{\text{ip}}\| \right)$ gewährleistet, dass im vollständig gepolten Zustand, für den $\|\vec{P}^i\| = P^{\text{sat}}$ und $\|\mathbf{S}^i\| = \|\mathbf{S}^{\text{ip}}\| = S^{\text{sat}}$ gilt, eine überlagerte mechanische Spannung zu keiner weiteren remanenten Dehnung führt. Die Sättigungsfunktion $h^{\text{m}}$ ist über die Größe $\mathbf{S}^{\text{ip}}$ direkt mit der Gl. (4.22) an die Entwicklung der remanenten Polarisation gekoppelt. Analog zu den ferroelektrischen Evolutionsgleichungen, kann die Evolutionsgleichung für die ferroelastische Dehnung $\mathbf{S}^{\text{im}}$ in drei Berechnungsvorschriften aufgeteilt werden:

$$\dot{\mathbf{S}}^{\text{im}} = \begin{cases} 0 & : \ \text{Fall 1} \\[2mm] \lambda_{f^{\text{m}}} \left( \dfrac{\partial f^{\text{m}}}{\partial \boldsymbol{\sigma}} \right) & : \ \text{Fall 2} \\[2mm] \lambda_{h^{\text{m}}} \left( \dfrac{\partial h^{\text{m}}}{\partial \mathbf{S}^{\text{im}}} \right) & : \ \text{Fall 3} \end{cases} \ . \tag{4.28}$$

Die Proportionalitätsfakoren $\lambda_{f^{\text{m}}}$ und $\lambda_{h^{\text{m}}}$ werden basierend auf mit den Konsistenzbedingungen $\dot{f}^{\text{m}} = 0$ und $\dot{h}^{\text{m}} = 0$ bestimmt. Eine schematische Darstellung der ferroelastischen Hysterese ist in Abb. 4.12 dargestellt. Die Steigung im ersten und im dritten Bereich, dem gesättigten Bereich, entspricht dem Elastizitätsmodul $Y$. Im mittleren Abschnitt überlagern sich die reversiblen und remanenten Dehnungsanteile, so dass die Steigung sinkt. Diese drei Bereiche

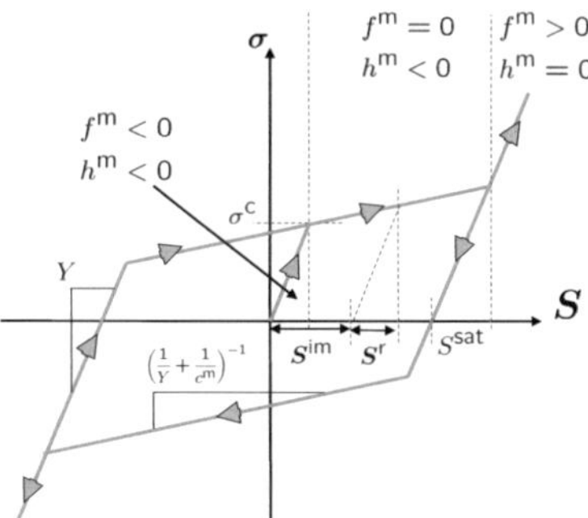


**Abb. 4.12:** Schematische Darstellung der ferroelastischen Hysterese für das phänomenologische Materialmodell.

entsprechen den Fällen in der Evolutionsgleichung Gl. (4.28). Eine asymmetrische ferroelastische Hysterese wird in [107] durch die Definition zweier Sättigungsfunktionen modelliert. In der Arbeit von [59] wird die Zug- und Druck-Asymmetrie mit Hilfe von Invarianten modelliert.
Für eine mathematisch geschlossene Darstellung der Evolutionsgleichungen müssen die unterschiedlichen Fälle in Gl. (4.20) und Gl. (4.28) durch die Schaltfunktionen in Gl. (4.18) sowie durch

$$\lceil x \rfloor = \begin{cases} 1, & x > 0 \\ 0, & x \leq 0 \end{cases} \tag{4.29}$$

miteinander verknüpft werden. Für eine kompakte Darstellung der Evolutionsgleichungen werden zusätzliche Größen eingeführt:

$$\overset{\star}{f}{}^{\mathrm{d}} = \frac{\mathrm{d}}{\mathrm{d}t} f^{\mathrm{d}}\big|_{\dot{P}^{\mathrm{i}}=0} \quad , \quad \overset{\star}{h}{}^{\mathrm{d}} = \frac{\mathrm{d}}{\mathrm{d}t} h^{\mathrm{d}}\big|_{\dot{P}^{\mathrm{i}}=\lfloor f^{\mathrm{d}}\rceil\lfloor \overset{\star}{f}{}^{\mathrm{d}}\rceil\lambda_{f^{\mathrm{d}}}\frac{\partial f^{\mathrm{d}}}{\partial \vec{D}}} \quad , \tag{4.30}$$

$$\overset{\star}{f}{}^{\mathrm{m}} = \frac{\mathrm{d}}{\mathrm{d}t} f^{\mathrm{m}}\big|_{\dot{S}^{\mathrm{im}}=0} \quad , \quad \overset{\star}{h}{}^{\mathrm{m}} = \frac{\mathrm{d}}{\mathrm{d}t} h^{\mathrm{m}}\big|_{\dot{S}^{\mathrm{im}}=\lfloor f^{\mathrm{m}}\rceil\lfloor \overset{\star}{f}{}^{\mathrm{m}}\rceil\lambda_{f^{\mathrm{m}}}\frac{\partial f^{\mathrm{m}}}{\partial \sigma}} \quad , \tag{4.31}$$

und durch Heaviside-Funktionen miteinander verknüpft

$$F^{\mathrm{i}} = \lfloor f^{\mathrm{i}}\rfloor\lfloor \overset{\star}{f}{}^{\mathrm{i}}\rfloor, \quad H^{\mathrm{i}} = \left\lfloor \lfloor h^{\mathrm{i}}\rfloor \lceil \overset{\star}{h}{}^{\mathrm{i}}\rfloor + \lceil h^{\mathrm{i}}\rfloor \right\rfloor, \quad \mathrm{i} = \mathrm{d}, \mathrm{m} \,. \tag{4.32}$$

Damit ist es möglich, die Evolutionsgleichungen für die remanenten Größen in einer geschlossenen Form anzugeben:

$$\dot{\vec{P}}^{i} = (\mathbf{1} - H^{d}\vec{e}_{b} \otimes \vec{e}_{b}) . \left( F^{d} \lambda_{f^{d}} \frac{\partial f^{d}}{\partial \vec{D}} \right) + H^{d} \lambda_{h^{d}} \frac{\partial h^{d}}{\partial \vec{P}^{i}} \, , \qquad (4.33)$$

$$\dot{S}^{im} = (I - H^{m}N^{m} \otimes N^{m}) . \left( F^{m} \lambda_{f^{m}} \frac{\partial f^{m}}{\partial \sigma} \right) + H^{m} \lambda_{h^{m}} \frac{\partial h^{m}}{\partial S^{im}} \quad . \qquad (4.34)$$

Die Größen

$$\vec{e}_{b} = \frac{\partial h^{d}}{\partial \vec{P}^{i}} \, , \quad N^{m} = \frac{\partial h^{m}/\partial S^{i}}{\left\| \partial h^{m}/\partial S^{i} \right\|} \, . \qquad (4.35)$$

ermöglichen die Rotation der remanenten Größen im gesättigten Zustand. Eine detaillierte Herleitung dieser Darstellung ist für ein in seiner Struktur sehr ähnliches Materialmodell in [47] und [10] zu finden. Das durch Gl. (4.33) und Gl. (4.34) vollständig definierte System besteht aus neun gekoppelten Differentialgleichungen und ist stark nichtlinear. Dies stellt eine besondere Herausforderung für das auszuwählende Lösungsverfahren dar.

## 4.2.2 Integrationsalgorithmus

Die Entwicklung eines Materialmodells für die Wiedergabe des nichtlinearen Verhaltens von Ferroelektrika ist auf Grund der elektromechanischen Kopplung eine große Herausforderung. Insbesondere im Hinblick auf eine Implementierung in eine Finite-Elemente-Umgebung ist die Stabilität und die Geschwindigkeit des Integrationsalgorithmus von entscheidender Bedeutung. Das Gleichungssystem muss zu jedem Zeitschritt und an jedem Gaußpunkt gelöst werden. Dieser Aspekt wird in der Entwicklung der konstitutiven Gleichungen im Abschnitt 4.2.1 berücksichtigt. Ziel ist es, das nichtlineare Gleichungssystem mit einem angepassten Return-Mapping-Algorithmus zu lösen. Mit diesem Algorithmus konnte in der Arbeit von [60] ein ähnliches nichtlineares Materialmodell stabil und effizient gelöst werden. Für das neue Materialmodell in der hybriden Elementformulierung muss dieser Algorithmus angepasst werden. Der Return-Mapping-Algorithmus ist im Bereich der nichtlinearen Modellierung von elastisch-plastischem Materialverhalten bereits etabliert [9, 89], auch weil seine implizierte Formulierung meist große Schrittweiten ermöglicht. Der grundsätzliche Aufbau dieses Integrationsverfahrens kann durch zwei Schritte beschrieben werden. Im ersten Schritt wird unter der Annahme eines eingefrorenen plastischen Fließens ein sogenannter „elastischer Prädiktor" berechnet.

Verletzt dieser eine Fließbedingung, so muss in einem darauf folgenden zweiten Schritt ein sogenannter „plastischer Korrektor" bestimmt werden, der aus geometrischer Sicht der kürzesten Projektion zurück auf die Fließfläche entspricht. Bei einer Von-Mieses-Fließfunktion zeigt diese Richtung im deviatorischen Spannungsraum zum Mittelpunkt der kreisförmigen Fließfläche. Deshalb wird dieses Lösungsverfahren auch als Radial-Return-Mapping-Methode bezeichnet [16].

Für das vorgestellte Materialmodell wird in diesem Kapitel eine angepasste Lösungsmethode eingeführt, die durch die Vorgehensweise der Radial-Return-Mapping Methode motiviert ist und an die hybride Elementformulierung aus Kap. 3.1.2 angepasst ist. Die hybride Elementformulierung besitzt als primäre Knotenvariablen die Verschiebung $\vec{u}$, das elektrische Potential $\varphi$ und die dielektrische Verschiebung $\vec{D}$. Für die verbreitete elektromechanische Formulierung ohne dielektrische Verschiebung als Knotenvariable, siehe [2], ist das hier vorgestellte Lösungsschema nicht direkt anwendbar. Hierfür könnte das in [60] vorgestellte Verfahren genutzt werden. Die remanente Dehnung und die remanente Polarisation werden in einem zweistufigen Verfahren berechnet mit

$$^{n+1}\vec{P}^{i} = {}^{n}\vec{P}^{i} + \Delta\vec{P}^{i,f} + \Delta\vec{P}^{i,h} \quad , \quad ^{n+1}S^{im} = {}^{n}S^{im} + \Delta S^{im,f} + \Delta S^{im,h} \quad . \tag{4.36}$$

Der Index $n$ steht für den Zeitpunkt zu Beginn eines Lastschrittes, bei dem alle Zustandsgrößen bekannt sind. Der Index $n+1$ bezeichnet den Zustand am Ende eines Lastschrittes, für den die jeweiligen Größen neu berechnet werden müssen. Die Korrektoren $\Delta\vec{P}^{i,f}$, $\Delta\vec{P}^{i,h}$, $\Delta S^{im,f}$ und $\Delta S^{im,h}$ werden aus den zugehörigen Fließ- und Sättigungsbedingungen bestimmt. Der Lösungsalgorithmus hat eine hierarchische Struktur. Zu Beginn wird die elektrische Fließbedingung in Gl. (4.14) abgefragt. Gilt für diese Fließfunktion $f^{d}(^{n+1}\vec{D}, {}^{n}\vec{P}^{i}, {}^{n}\hat{D}^{c}) \leq 0$, so findet keine Entwicklung der remanenten Polarisation statt und beide Korrektoren sind gleich null ($\Delta\vec{P}^{i,f} = \Delta\vec{P}^{i,h} = \vec{0}$). Überschreitet die dielektrische Verschiebung eine kritische Größe $D^{c}$, so wird die Fließbedingung verletzt. Dann wird der Korrektor $\Delta\vec{P}^{i,f}$ berechnet, damit die Bedingung $f^{d} \leq 0$ erfüllt ist. Für die Bestimmung des Korrektors wird der Ansatz

$$\Delta\vec{P}^{i,f} = \lambda_{f^{d}}\frac{\partial f^{d}}{\partial\vec{D}} \tag{4.37}$$

gewählt, der sich aus dem zweiten Fall der Evolutionsgleichung in Gl. (4.20) ergibt. Die Ableitung der Fließfunktion $f^{d}$ nach der dielektrischen Verschiebung

$\vec{D}$, mit

$$\frac{\partial f^{\mathrm{d}}}{\partial \vec{D}} = \frac{{}^{n+1}\vec{D} - c^{\mathrm{d}} \cdot {}^{n}\vec{P}^{\mathrm{i}}}{\left\| {}^{n+1}\vec{D} - c^{\mathrm{d}} \cdot {}^{n}\vec{P}^{\mathrm{i}} \right\|} \tag{4.38}$$

bestimmt die Richtung des Korrektors. Als Vereinfachung wird in Gl. (4.38) die remanente Polarisation am Ende des letzten konvergierten Zeitschrittes verwendet. Der Betrag von $\lambda_{f^{\mathrm{d}}}$ wird aus der Konsistenzbedingung $f^{\mathrm{d}}\left({}^{n+1}\vec{D}, {}^{n}\vec{P}^{\mathrm{i}} + \Delta\vec{P}^{\mathrm{i,f}}\right) = f^{\mathrm{d}}\left(\lambda_{f^{\mathrm{d}}}\right) = 0$ bestimmt. Es ergibt sich eine nichtlineare Gleichung, die unter der Annahme, dass die kritische dielektrische Verschiebung $\hat{D}^{\mathrm{c}}$ innerhalb eines Zeitschrittes konstant ist, analytisch entsprechend

$$\lambda_{f^{\mathrm{d}}} = \frac{{}^{n}\hat{D}^{\mathrm{c}}}{c^{\mathrm{d}}} \left[ \frac{\left\| {}^{n+1}\vec{D} - c^{\mathrm{d}} \cdot {}^{n}\vec{P}^{\mathrm{i}} \right\|}{{}^{n}\hat{D}^{\mathrm{c}}} - 1 \right] \tag{4.39}$$

gelöst wird. Die kritische dielektrische Verschiebung $\hat{D}^{\mathrm{c}}$ wird in einer so genannten Gedächtnis-Variablen gespeichert, die am Ende eines konvergierten Zeitschrittes bestimmt wird und dann für den darauf folgenden Zeitschritt konstant ist.

Im nächsten Schritt wird überprüft, ob durch den Korrektor $\Delta\vec{P}^{\mathrm{i,f}}$ das Sättigungskriterium $h^{\mathrm{d}}\left({}^{n}\vec{P}^{\mathrm{i}} + \Delta\vec{P}^{\mathrm{i,f}}\right) \leq 0$ verletzt wird. Ist der vollständig gepolte Zustand nicht erreicht, d.h. ($\left\| {}^{n}\vec{P}^{\mathrm{i}} + \Delta\vec{P}^{\mathrm{i,f}} \right\| \leq P^{\mathrm{sat}}$), so ist ${}^{n+1}\vec{P}^{\mathrm{i}} = {}^{n}\vec{P}^{\mathrm{i}} + \Delta\vec{P}^{\mathrm{i,f}}$ eine zulässige Lösung. Dann ist die Berechnung des zweiten Korrektors trivial, da $\Delta\vec{P}^{\mathrm{i,h}} = 0$. Wird allerdings die Sättigungsfunktion $h^{\mathrm{d}}$ verletzt, so muss der zweite Korrektor $\Delta\vec{P}^{\mathrm{i,h}}$ über den Ansatz

$$\Delta\vec{P}^{\mathrm{i,h}} = \lambda_{h^{\mathrm{d}}} \frac{\partial h^{\mathrm{d}}}{\partial \vec{P}^{\mathrm{i}}} \tag{4.40}$$

bestimmt werden. Dieser Berechnungsansatz ist durch den dritten Fall der Evolutionsgleichung in Gl. (4.20) motiviert. Es wird die remanente Polarisation auf der kürzesten Strecke zurück auf das Sättigungskriterium projiziert. Durch Lösen der Konsistenzbedingung

$$h^{\mathrm{d}}\left({}^{n}\vec{P}^{\mathrm{i}} + \Delta\vec{P}^{\mathrm{i,f}} + \Delta\vec{P}^{\mathrm{i,h}}\right) = h^{\mathrm{d}}\left(\lambda_{h^{\mathrm{d}}}\right) = 0 \tag{4.41}$$

ergibt sich für den Korrektor

$$\Delta\vec{P}^{\mathrm{i,h}} = \underbrace{\left[ P^{\mathrm{sat}} - \left\| {}^{n}\vec{P}^{\mathrm{i}} + \Delta\vec{P}^{\mathrm{i,f}} \right\| \right]}_{\lambda_{h^{\mathrm{d}}}} \cdot \frac{{}^{n}\vec{P}^{\mathrm{i}} + \Delta\vec{P}^{\mathrm{i,f}}}{\left\| {}^{n}\vec{P}^{\mathrm{i}} + \Delta\vec{P}^{\mathrm{i,f}} \right\|} \quad . \tag{4.42}$$

Somit stellt der Korrektor in Gl. (4.42) sicher, dass das Sättigungskriterium $h^d \leq 0$ erfüllt wird. Für den eindimensionalen Fall kann das Konzept des Return-Mapping-Algorithmus anhand von Abb. 4.13 schematisch dargestellt werden. Ausgehend vom ungepolten Zustand wird ein kontinuierlich ansteigendes elektrisches Feld aufgebracht. Über die linearen piezoelektrischen Gleichungen ist die dielektrische Verschiebung mit dem elektrischen Feld auch im ungepolten Zustand ($d = 0$) gekoppelt. Wird die kritische dielektrische Verschiebung $D^c$

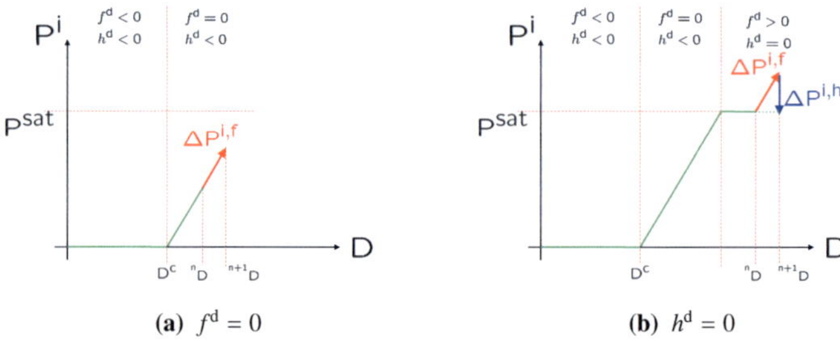



**Abb. 4.13:** Return-Mapping-Algorithmus bei eindimensionalem, ferroelektrischem Materialverhalten.

überschritten, so führt der erste Korrektor $\Delta\vec{P}^{i,f}$ zu einer Entwicklung der remanenten Polarisation $\vec{P}^i$, siehe Abb. 4.13a. Ist die Sättigungspolarisation $P^{sat}$ erreicht, siehe Abb. 4.13b, wird zusätzlich ein zweiter Korrektor $\Delta\vec{P}^{i,h}$ addiert, der sicherstellt, dass die remanente Polarisation nicht weiter ansteigt.

Die Fließflächen lassen sich im zweidimensionalen Raum durch Kreise darstellen, siehe Abb. 4.14. In diesem Diagramm ist ein Zustand zu sehen, bei dem zu Beginn des Zeitschrittes das Sättigungskriterium $h^d \leq 0$ noch erfüllt ist, der Korrektor $\Delta\vec{P}^{i,f}$ für den neuen Zeitschritt dieses allerdings verletzt. Deswegen wird der zweite Korrektor $\Delta\vec{P}^{i,h}$ berechnet, der die remanente Polarisation zurück auf die Sättigungsfläche $h^d = 0$ projiziert. Die rot gepunktete Fließfläche verdeutlicht, dass in diesem Lösungsverfahren $^n\hat{D}^c$ innerhalb eines Zeitschrittes konstant ist. Am Ende eines konvergierten Zeitschrittes wird die kritische dielektrische Verschiebung $^{n+1}\hat{D}^c$ neu berechnet, so dass sich der Durchmesser des rot gepunkteten Kreises in Abb. 4.14 verändern kann (isotrope Verfestigung).

 Im dreidimensionalen Raum können die Fließbedingungen des phänomenologischen Materialmodells durch Kugeln dargestellt werden. Die Anwendung der Normalen-Regel führt dazu, dass die Korrektoren immer in eine radiale Richtung zeigen.

Der nächste Schritt des Lösungsverfahrens ist die Wiedergabe des ferroelas-

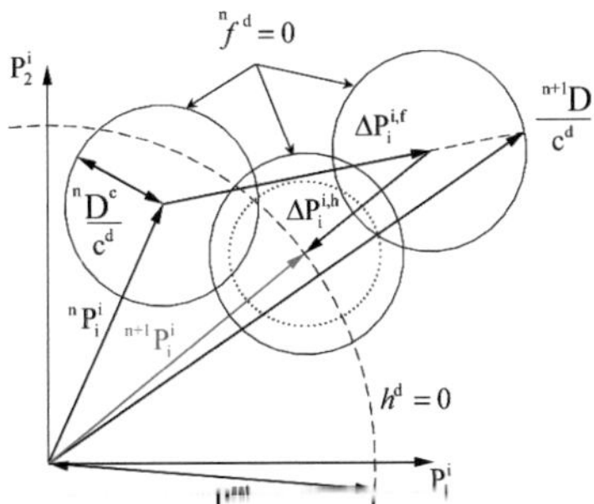



**Abb. 4.14:** 2D-Darstellung des Radial-Return-Mapping-Algorithmus für das ferroelektrische Materialverhalten.

tischen Materialverhaltens. Die mechanische Fließbedingung $f^{\mathrm{m}} = 0$ wird unabhängig vom ferroelektrischen Verhalten immer ausgewertet. Hierfür muss eine mechanische Spannung

$$^{*}\sigma = f\left( {}^{n+1}\vec{\mathbf{D}}, {}^{n+1}\vec{\mathbf{P}}^{i}, {}^{n+1}S, {}^{n+1}S^{ip}, {}^{n}S^{im} \right) \tag{4.43}$$

$$= {}^{n+1D}\mathbb{C} : \left( {}^{n+1}S - {}^{n+1}S^{ip} - {}^{n}S^{im} \right) - {}^{n+1}\mathbb{h} \cdot \left( {}^{n+1}\vec{\mathbf{D}} - {}^{n+1}\vec{\mathbf{P}}^{i} \right) \tag{4.44}$$

berechnet werden. Dabei wird die remanente Dehnung ${}^{n}S^{im}$ am Ende des vorherigen konvergierten Zeitschrittes verwendet. Der Index $^{*}$ zeigt, dass es sich hierbei um eine fiktive Spannung (trial-stress) handelt. Die remanente Dehnung auf Grund der remanenten Polarisation wird entsprechend Gl. (4.22) berechnet. Der Piezotensor $\mathbb{h}$ und der Steifigkeitstensor ${}^{D}\mathbb{C}$ sind über die Gl. (2.38), Gl. (2.40) und Gl. (4.13) mit der remanenten Polarisation gekoppelt.
Analog zur Vorgehensweise für die Berechnung der remanenten Polarisation ist die Koerzitivspannung $\sigma^c$ eine weitere Gedächtnis-Variable, die zu Beginn eines Zeitschrittes ausgelesen wird und dann für den Zeitschritt konstant bleibt. Durch diese Vereinfachung lässt sich die remanente Dehnung im ferroelastischen Fall analytisch berechnen. Wird die mechanische Fließbedingung verletzt, wird der Korrektor

$$\Delta S^{im,f} = \lambda_{f^m} \frac{\partial f^{\mathrm{m}}}{\partial \sigma} \tag{4.45}$$

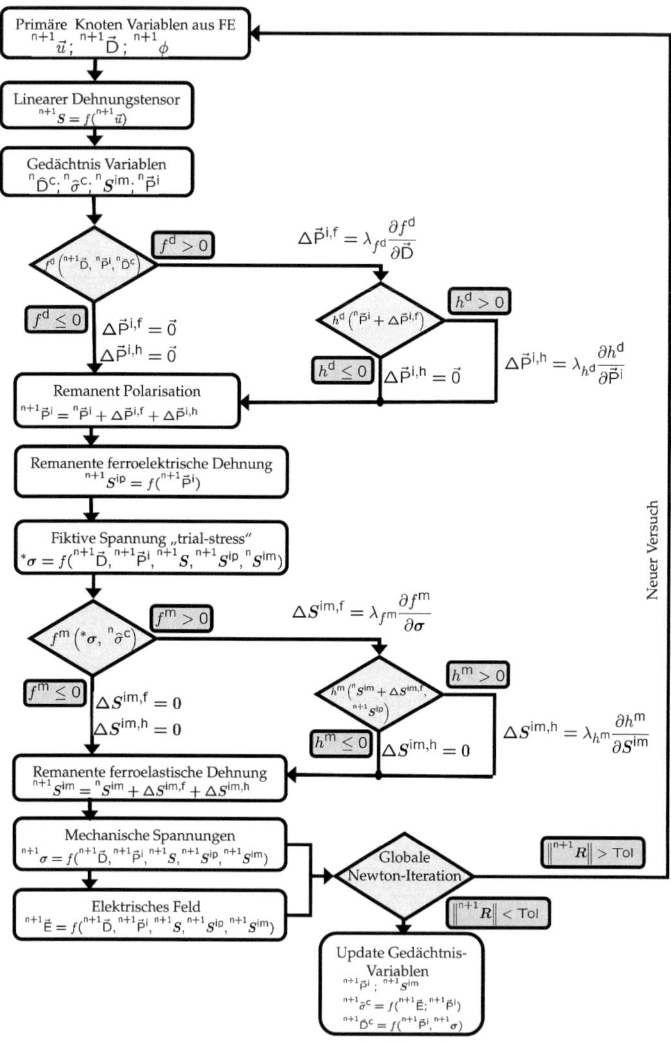



**Abb. 4.15:** Ablaufschema des adaptierten Return-Mapping-Algorithmus innerhalb des hybriden Finite-Elementes.

entsprechend des zweiten Falls der Evolutionsgleichung in Gl. (4.28) bestimmt. Die Ableitung der Fließbedingung nach der mechanischen Spannung, d.h.

$$\frac{\partial f^{\mathrm{m}}}{\partial \boldsymbol{\sigma}} = \frac{\left({}^{*}\boldsymbol{\sigma} - c^{\mathrm{m}} \cdot {}^{\mathrm{n}}\boldsymbol{S}^{\mathrm{im}}\right)^{\mathrm{Dev}}}{\left\| \left({}^{*}\boldsymbol{\sigma} - c^{\mathrm{m}} \cdot {}^{\mathrm{n}}\boldsymbol{S}^{\mathrm{im}}\right)^{\mathrm{Dev}} \right\|} = \boldsymbol{N} \quad , \tag{4.46}$$

ergibt die Entwicklungsrichtung des Korrektors. Diese Vorgehensweise stellt sicher, dass der Korrektor $\Delta \boldsymbol{S}^{\mathrm{im,f}}$ ein deviatorischer Tensor ist. Dies entspricht den Messungen von [111] und gibt das Verhalten wieder, dass das Umklappen von Domänen zu keiner Änderung des Volumens führt. Das Lösen der Konsistenzbedingungen, d.h. $f^{\mathrm{m}} = 0$, führt zu einer quadratischen Gleichung. Basierend auf den Abkürzungen

$$\boldsymbol{A} = \left({}^{*}\boldsymbol{\sigma} - c^{\mathrm{m}} \cdot {}^{\mathrm{n}}\boldsymbol{S}^{\mathrm{im}}\right)^{\mathrm{Dev}} \quad \text{und} \quad \boldsymbol{B} = \left(\mathbb{C} : \boldsymbol{N} - c^{\mathrm{m}} \cdot \boldsymbol{N}\right) \tag{4.47}$$

kann die Lösung für den skalaren Faktor $\lambda_{f^{\mathrm{m}}}$ in geschlossener Form entsprechend

$$\lambda_{f^{\mathrm{m}}} = \frac{\boldsymbol{A} : \boldsymbol{B} - \sqrt{(\boldsymbol{A} : \boldsymbol{B})^2 - \boldsymbol{B}^2 \cdot \left(\boldsymbol{A}^2 - \frac{2}{3}\,({}^{\mathrm{n}}\hat{\sigma}^{\mathrm{c}})^2\right)}}{\boldsymbol{B}^2} \tag{4.48}$$

mit dem inneren Produkt $\boldsymbol{X} : \boldsymbol{Y} = X_{ij}Y_{ij}$ und $\boldsymbol{X}^2 = X_{ij}X_{ij}$ bestimmt werden. Unter Berücksichtigung der remanenten Dehnung durch die remanente Polarisation ${}^{\mathrm{n+1}}\boldsymbol{S}^{\mathrm{ip}}$ zusammen mit dem ferroelastischen Korrektor der Dehnung $\Delta \boldsymbol{S}^{\mathrm{im,f}}$ wird das Sättigungskriterium $h^{\mathrm{m}}\left({}^{\mathrm{n}}\boldsymbol{S}^{\mathrm{im}} + \Delta \boldsymbol{S}^{\mathrm{im,f}}, {}^{\mathrm{n+1}}\boldsymbol{S}^{\mathrm{ip}}\right) < 0$ überprüft. Ist die Sättigungsfunktion erfüllt, so ist $\Delta \boldsymbol{S}^{\mathrm{im,h}} = 0$ und die Berechnung aller remanenten Größen abgeschlossen. Wird das Sättigungskriterium jedoch verletzt, so muss ein zweiter Korrektor für die remanente Dehnung $\Delta \boldsymbol{S}^{\mathrm{im,h}}$ berechnet werden. Hierfür wird der Ansatz

$$\Delta \boldsymbol{S}^{\mathrm{im,h}} = \lambda_{h^{\mathrm{m}}} \frac{\partial h^{\mathrm{m}}}{\partial \boldsymbol{S}^{\mathrm{im}}} \tag{4.49}$$

aus der Evolutionsgleichung für den dritten Fall in Gl. (4.28) gewählt. Die Ableitung der Sättigungsfunktion nach der remanenten Dehnung, d.h.

$$\frac{\partial h^{\mathrm{m}}}{\partial \boldsymbol{S}^{\mathrm{im}}} = \sqrt{\frac{2}{3}} \cdot \frac{{}^{\mathrm{n}}\boldsymbol{S}^{\mathrm{im}} + \Delta \boldsymbol{S}^{\mathrm{im,f}}}{\left\| {}^{\mathrm{n}}\boldsymbol{S}^{\mathrm{im}} + \Delta \boldsymbol{S}^{\mathrm{im,f}} \right\|} \quad , \tag{4.50}$$

projiziert die Dehnung zurück auf die Sättigungsfunktion. Durch das Lösen der Konsistenzbedingung

$$\lambda_{h^{\mathrm{m}}} = \sqrt{\frac{3}{2}} \cdot \left( \sqrt{\frac{3}{2}} S^{\,\mathrm{sat}} - \left( \left\| {}^{\mathrm{n}}\boldsymbol{S}^{\mathrm{im}} + \Delta \boldsymbol{S}^{\mathrm{im,f}} \right\| - \left\| {}^{\mathrm{n+1}}\boldsymbol{S}^{\mathrm{ip}} \right\| \right) \right) \qquad (4.51)$$

wird der Proportionalitätsfaktor $\lambda_{h^{\mathrm{m}}}$ bestimmt. Die remanente mechanische Dehnung ${}^{\mathrm{n+1}}\boldsymbol{S}^{\mathrm{im}}$ am Ende eines Zeitschrittes ergibt sich aus Gl. (4.36), d.h. durch die Addition der Korrektoren und der remanenten Dehnung zu Beginn des Zeitschrittes. Zusammenfassend stellt Abb. 4.15 die hierarchische Struktur des Lösungsalgorithmus dar, wie sie in FORTRAN innerhalb des hybriden Finite-Elementes in FEAP implementiert wurde. Am Ende jedes Zeitschrittes ist es zur Auswertung der Gleichgewichtsbedingung notwendig, die mechanische Spannung ${}^{\mathrm{n+1}}\boldsymbol{\sigma}$ und das elektrische Feld ${}^{\mathrm{n+1}}\vec{\boldsymbol{E}}$ zu berechnen.

Durch die teilweise Verwendung von nicht aktualisierten Variablen liegt kein rein implizites Integrationsverfahren vor. Deshalb sollte die Schrittweite, dem zu lösenden Problem entsprechend, möglichst klein gewählt werden. Hierfür sind gewisse Erfahrungswerte vorteilhaft.

Durch die gezeigten Vereinfachungen ist es möglich, eine analytische Lösung zu berechnen. So werden numerische Probleme vermieden, was sich positiv auf die Stabilität des Integrationsalgorithmus auswirkt. Zusätzlich kann eine quasi analytische, konsistente Tangente mit Hilfe der automatischen Differentiation, siehe Kap. 3.2.2, berechnet werden, um damit die globale Newton-Iteration zu beschleunigen und um bessere Konvergenzkriterien zu erzielen. Deshalb ist es möglich, ein Finite-Elemente-Problem trotz kleinerer Zeitschrittweiten schneller zu lösen.

Der neu entwickelte Lösungsalgorithmus stellt sicher, dass beide Sättigungskriterien stets erfüllt sind. Für eine Validierung des Lösungsalgorithmus und der darin getroffenen Annahmen ist es erforderlich, verschiedene Testszenarien zu entwickeln und deren Ergebnisse auf Plausibilität zu überprüfen. Dies ist Bestandteil des folgenden Abschnittes.


## 4.2.3 Simulation elektromechanischer Beanspruchungen

Zur Validierung eines Materialmodells für Ferroelektrika sowie des verwendeten Integrationsalgorithmus werden in diesem Abschnitt Testszenarien vorgestellt. Diese Tests ermitteln die Eigenschaften des Modells unter elektrischer, mechanischer, gekoppelter und multiaxialer Beanspruchung. Sie eignen sich dazu, sowohl die Fähigkeiten des neuen Materialmodells zu untersuchen und bieten die Möglichkeit für den Vergleich und die Validierung bereits existierender

Modelle. Insbesondere die Wiedergabe des gekoppelten elektromechanischen Verhaltens ist anspruchsvoll und nur wenige Materialmodelle sind in der Lage dieses wiederzugeben. Die hier gezeigten Ergebnisse wurden mit dem in Kap. 4.2.1 vorgestellten Materialmodell unter Verwendung des Return-Mapping-Algorithmus in Kap. 4.2.2 innerhalb der Finite-Elemente-Umgebung FEAP berechnet. Die verwendeten Materialparameter sind für alle Testszenarien gleich und in Tab. 4.1 angegeben. Diese Materialparameter geben das typische Verhalten einer Weich-PZT-Keramik wieder.

| | | | |
|---|---|---|---|
| $P^{\mathrm{sat}}$ | 0.29 kN/MVmm | $h$ | $0.02\ \mathrm{kN/mm^2}$ |
| $S^{\mathrm{sat}}$ | 0.002 | $\nu$ | 0.37 |
| $c^{\mathrm{m}}$ | $20\ \mathrm{kN/mm^2}$ | $Y$ | $60\ \mathrm{kN/mm^2}$ |
| $c^{\mathrm{d}}$ | 1.05 | $d_{\parallel}$ | 0.45 mm/MV |
| $\mathrm{E}^{\mathrm{c}}$ | $1.05\mathrm{E}-3\ \mathrm{MV/mm}$ | $d_{\perp}$ | $-0.21$ mm/MV |
| $\sigma^{\mathrm{c}}$ | $40\mathrm{E}-3\ \mathrm{kN/mm^2}$ | $d_{=}$ | 0.29 mm/MV |
| $\kappa$ | $20\ \mathrm{kN/MV^2}$ | | |

Tab. 4.1: Materialparameter.

### Ferroelektisches Materialverhalten

Die dielektrische Hysterese und die Schmetterlingshysterese sind charakteristisch für das Materialverhalten von Ferroelektrika. Das simulierte Verhalten eines zu Beginn ungepolten Materials unter einer zyklischen Belastung durch ein elektrisches Feld oberhalb der Koerzitivfeldstärke ist in Abb. 4.16 dargestellt. Das Materialmodell gibt sowohl die dielektrische Hysterese als auch die Schmetterlingshysterese wieder, d.h. das nichtlineare Großsignalverhalten von Ferroelektrika. Beide Hysteresen werden im Modell mit Hilfe von Fließflächen beschrieben. Ausgehend von einem ungepolten Zustand liegt entkoppeltes Materialverhalten vor, das dem eines linearen Dielektrikums entspricht. Erhöht man das elektrische Feld über die Koerzitivfeldstärke $\mathrm{E}^{\mathrm{c}} = 1.05$ kV/mm hinaus, so kommt es zu einer schnellen Entwicklung der remanenten Polarisation bzw. einer dielektrischen Verschiebung und damit gekoppelt zu einer remanenten Dehnung. Ist die Sättigungspolarisation erreicht, d.h. $P^{\mathrm{sat}} = 0.29\ \mathrm{C/m^2}$, verhindert das Sättigungskriterium eine weitere Entwicklung der remanenten Polarisation. Der Verlauf der dielektrischen Hysterese in Abb. 4.16a ist im gepolten Zustand parallel zu dem im ungepolten Zustand. Die Schmetterlingshysterese in Abb. 4.16b zeigt im voll gepolten Zustand das für die technische

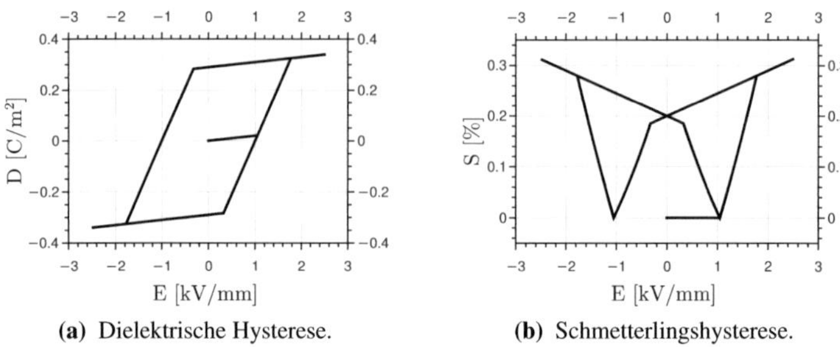




**Abb. 4.16:** Simulation des rein ferroelektrischen Materialverhaltens.

Anwendung entscheidende linear gekoppelte Verhalten zwischen dem elektrischen Feld und der Dehnung. Die kinematische Verfestigung führt entsprechend der elektrischen Fließfunktion in Gl. (4.14) zum sogenannten „ferroelektrischen Bauschinger-Effekt". So beginnt das Umklappen in entgegengesetzter Richtung unter einer kleineren negativ elektrischen Feldstärke als die negative Koerzitivfeldstärke $-E^c$ zu Beginn. Ein oszillierendes elektrisches Feld führt zu einer geschlossenen Hysterese sowohl in Abb. 4.16a als auch in Abb. 4.16b. Die Schmetterlingshysterese gibt den Sachverhalt wieder, dass auch ein negatives elektrisches Feld eine positive Dehnung hervorruft.

***Rotation der Polung***

Die Rotation der Polung ist für viele Materialmodelle ein nicht triviales Problem. Dies gilt insbesondere für den Integrationsalgorithmus, da hierfür je nach Implementierung Projektionsterme zu berücksichtigen sind. Auf Grund der dreidimensionalen Formulierung des Materialmodells ist eine Entwicklung der remanenten Polarisation in beliebiger Richtung möglich. Im Materialmodell von [46, 84] ist die Richtung der remanenten Polarisation fest vorgegeben, d.h. dass nur ein 180°-Grad-Umschalten betrachtet wird.

Ein einfaches Beispiel zeigt das Rotieren der Polarisation um 90°. Hierfür wird eine Simulation mit den in Abb. 4.17a dargestellten Randbedingungen aufgebaut. In dieser Abbildung wird zur Vereinfachung die dritte Dimension nicht dargestellt, da das Finite-Elemente-Modell in dieser Richtung weder elektrisch noch mechanisch durch Randbedingungen beeinflusst wird. In Abb. 4.17b ist sowohl der zeitliche Verlauf des elektrischen Feldes als auch der der remanenten Polarisation dargestellt. Wird die Koerzitivfeldstärke in der $\vec{e}_2$-Richtung erreicht, so kommt es zu einer Entwicklung der remanenten Polarisation $P_2^i$ in diese Richtung. Wird im voll gepolten Zustand nach dem Entlasten ein elektrisches Feld

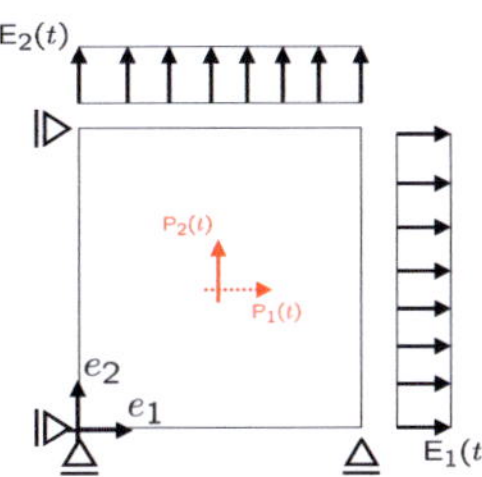
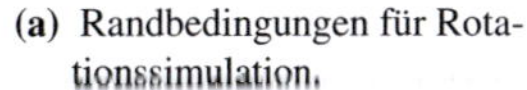


(a) Randbedingungen für Rotationssimulation.

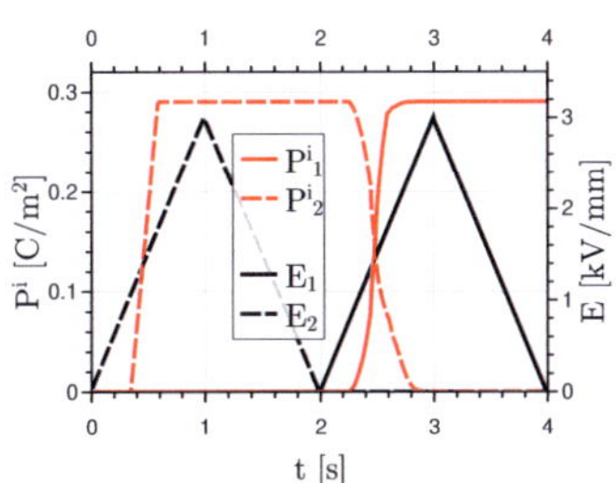


(b) Verlauf des elektrischen Feldes und der remanenten Polarisation

**Abb. 4.17:** Simulation einer 90°-Rotation des Polungsvektors.

senkrecht dazu in $\vec{e}_1$-Richtung aufgebracht, so kommt es wieder bei Erreichen der Koerzitivfeldstärke zu einer kontinuierlichen Rotation der remanenten Polarisation um 90°. Hierbei ist immer das Sättigungskriterium erfüllt. Somit ist gewährleistet, dass der Betrag des Polarisationsvektors nicht größer als die Sättigungspolarisation ist. Dabei ist zu beachten, dass durch die Bildung der Vektornorm der remanenten Polarisation die Summe der einzelnen Komponenten des Polarisationsvektors größer ist als die der Sättigungspolarisation. Deshalb liegt der Schnittpunkt der Verläufe beider Komponenten des remanenten Polarisationsvektors bei $P^i_1 = P^i_2 = 0.21$ C/m$^2$ und nicht bei $P^{sat}/2 = 0.15$ C/m$^2$.

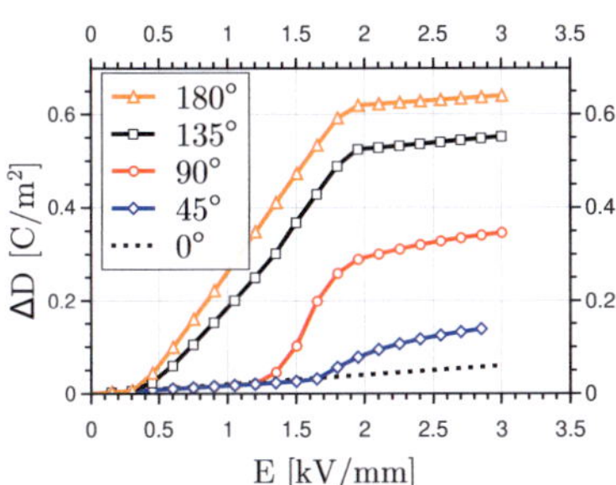


**Abb. 4.18:** Rotation des elektrischen Feldes für unterschiedliche Winkel im Vergleich zur Anfangspolung.

Die Rotation des elektrischen Feldes bzw. der remanenten Polarisation ist für die Winkel 0°, 45°, 90°, 135°, 180° in Abb. 4.18 dargestellt. Für die Simulation wird zu Beginn im Modell eine definierte remanente Polarisation erzeugt. In einem zweiten Schritt wird das elektrische Feld unter einem bestimmten Winkel zur ursprünglichen Polarisation gedreht und wieder erhöht. In Abb. 4.18 ist die Änderung der dielektrischen Verschiebung in Richtung des elektrischen Feldes im zweiten Belastungsschritt aufgetragen. Die Verläufe geben das experimentell ermittelte Verhalten von [41, 110] wieder. Deswegen ist es mit diesem Materialmodell möglich, das nichtlineare, multiaxiale Verhalten von Ferroelektrika wiederzugeben.

## Ferroelastisches Materialverhalten

Im Folgenden wird das rein mechanische Verhalten von Ferroelektrika betrachtet. Ausgehend vom ungepolten Zustand wird durch eine Verschiebungsrandbedingung zunächst eine kontinuierliche Druckbelastung und danach eine Zugbelastung aufgebracht. Im ungepolten, isotropen Zustand existiert keine Kopplung zwischen elektrischen und mechanischen Größen, die durch eine rein mechanische Belastung auch nicht aufgebaut werden kann. Somit ist die Modellierung des ferroelastischen Materialverhaltens, ebenso die Umsetzung des zu Grunde liegenden Integrationsalgorithmus, verhältnismäßig einfach. Durch das Festsetzen der elektrischen Freiheitsgrade, d.h. des elektrisches Potentials und der dielektrischen Verschiebung, kann die Anzahl an unbekannten Freiheitsgraden von sieben auf drei reduziert werden. Somit ist unter rein mechanischer Beanspruchung ohne existierende elektromechanische Kopplung die Lösung von größeren Finite-Elemente-Modellen möglich. Wird die mechani-

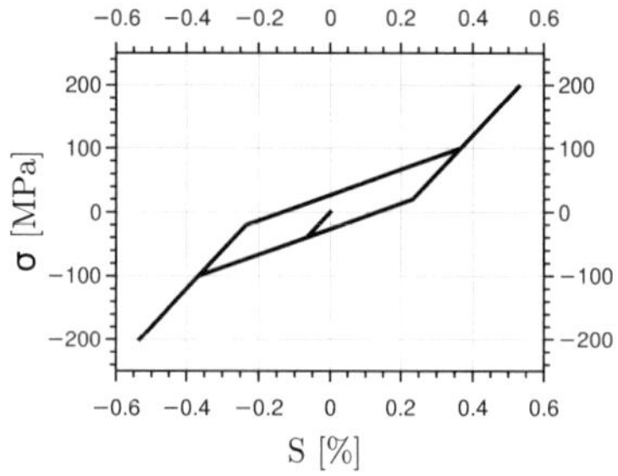

**Abb. 4.19:** Ferroelastische Hysterese

sche Druckbeanspruchung kontinuierlich erhöht, so entspricht der Anstieg zu Beginn der ferroelastischen Hysterese dem Elastizitätsmodul, siehe Abb. 4.19. Wird die negative Koerzitivspannung $\sigma^c$ unterschritten, steuert die mechanische Fließfunktion in Gl. (4.24) die Entwicklung der remanenten ferroelastischen Dehnung. In Abhängigkeit des kinematischen Verfestigungsparameters $c^m$ sinkt die Steifigkeit des Ferroelektrikums in diesem Bereich. Erst wenn die remanente Dehnung den gesättigten Zustand erreicht und die Sättigungsfunktion in Gl. (4.27) die weitere Entwicklung stoppt, nimmt die Steifigkeit wieder den Wert des Elastizitätsmoduls an. Unter Druck- und Zugbelastung ist die Koerzitivspannung im Materialmodell identisch, woraus eine zum Ursprung symmetrische ferroelastische Hysterese resultiert, vergl. 4.19. Eine experimentelle Verifikation des Materialverhaltens unter Zugbeanspruchung ist nur schwer möglich, da Zugspannungen in der Größenordnung, wie diese in Abb. 4.19 dargestellt sind, zum Versagen der Probe führen, siehe [21, 22]. Die theoretischen Studien in [23] zeigen ein Verhältnis zwischen der remanenten Dehnung unter Zug- und Druckbeanspruchung von 1:1.3. Hierbei wird ein polykristallines Material mit tetragonaler Einheitszelle betrachtet.

## Gekoppeltes elektromechanisches Materialverhalten

Neben dem rein ferroelastischen und ferroelektrischen Verhalten von Ferroelektrika ist es für die Vorhersage des Polungszustands in komplexen Bauteilen notwendig, das elektromechanisch gekoppelte Materialverhalten korrekt wiederzugeben. Im gepolten Zustand beeinflussen sich mechanische und elektrische Größen gegenseitig, wobei die Orientierung zueinander entscheidend für das Materialverhalten ist. Diese Abhängigkeiten werden durch die konstitutiven Gleichungen beschrieben. Es sind gekoppelte elektromechanische Simulationen notwendig, um die Gültigkeit der konstitutiven Gleichungen zu überprüfen. Hierbei wird nicht nur das Materialmodell untersucht, sondern auch der für die Lösung notwendige Integrationsalgorithmus, der einen Einfluss auf die Simulationsergebnisse hat. Somit wird eine Aussage möglich, ob die innerhalb des Integrationsalgorithmus getroffenen Vereinfachungen zulässig sind. Die Wiedergabe des gekoppelten Materialverhaltens ist für jedes Materialmodell eine Herausforderung. Problematisch hierbei ist auch, dass die für eine Verifikation notwendige experimentelle Datenbasis in der Literatur nur unzureichend vorhanden ist. Es fehlen insbesondere Versuche, die das multiaxiale elektromechanische Verhalten beschreiben.

***Mechanische Depolarisation***

Unter der mechanischen Depolarisation versteht man das gekoppelte elektro-mechanische Materialverhalten der Ferroelektrika, bei dem der Polungszustand durch eine mechanische Spannung verändert wird. Diese Depolarisation tritt z.B. auf, wenn eine mechanische Druckspannung in Polarisationsrichtung wirkt oder eine Zugspannung senkrecht zur Polarisationsrichtung aufgebracht wird. Aus der Depolarisation resultiert somit eine geringere elektromechanische Kopplung, die z.B. in der Aktor- und Sensor-Anwendung entscheidend ist. Deswegen ist die Wiedergabe dieses Effektes für die praktische Anwendung relevant.
 Ist der mechanischen Spannung ein konstantes elektrisches Feld ($\pm 200$ V/mm)

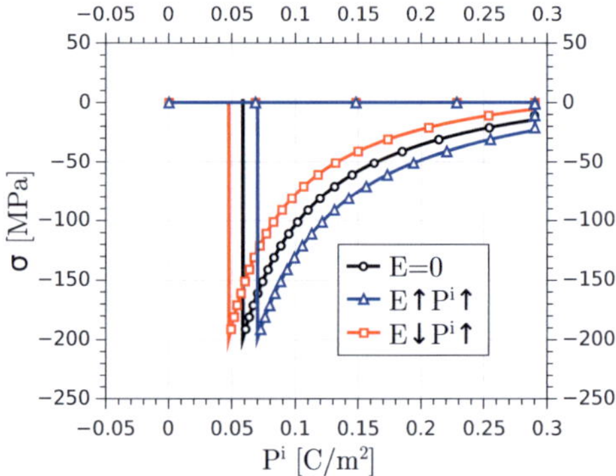


**Abb. 4.20:** Mechanische Depolarisation mit überlagertem elektrischen Feld ($\pm 200$ V/mm).

überlagert, so beeinflusst dieses in Abhängigkeit seiner Orientierung das Depolarisationsverhalten. Ist das elektrische Feld der Polarisationsrichtung entgegengesetzt ($\vec{E} \uparrow \vec{P}^i \downarrow$), destabilisiert dieses den Polungszustand und die kritische Spannung wird herabgesetzt. Ein elektrisches Feld in Polungsrichtung ($\vec{E} \uparrow \vec{P}^i \uparrow$) stabilisiert dagegen den Polungszustand und erhöht die kritische Spannung, ab der eine Veränderung der remanenten Polarisation einsetzt. Dieses Verhalten des phänomenologischen Materialmodells ist in Abb. 4.20 dargestellt. Das Materialmodell ist somit in der Lage, die Abhängigkeit der Depolarisation von der Orientierung des elektrischen Feldes korrekt wiederzugeben. Obwohl die konstitutiven Gleichungen des phänomenologischen Materialmodells im Vergleich zu denen von [60] eine ähnliche Struktur besitzen, ist das gekoppelte elektromechanische Verhalten grundlegend unterschiedlich. Die mechanische

Depolarisation wird im Modell von [60] durch eine von der mechanischen
Spannung abhängige Sättigungspolarisation realisiert. Stattdessen liefert die
dielektrische Verschiebung, die als Eingangsgröße in der „elektrischen" Fließfunktion in Gl. (4.14) verwendet wird, so eine elektromechanische Kopplung.
Die dielektrische Verschiebung

$$\vec{D} = \epsilon \cdot \vec{E} + \vec{P} = (\epsilon + \kappa) \cdot \vec{E} + \hat{d} : \sigma + \vec{P}^{i} \qquad (4.52)$$

setzt sich aus einem reversiblen Anteil und der remanenten Polarisation zusammen. Wird Gl. (4.52) in die Fließfunktion $f^{d}$ in Gl. (4.14) eingesetzt, so ergibt
sich für den gepolten Zustand der Zusammenhang

$$\left\| (\epsilon + \kappa) \cdot \vec{E} + \hat{d} : \sigma + P^{\text{sat}} \cdot \vec{e}^{P^{i}} \left(1 - c^{d}\right) \right\| = \hat{D}^{c}(\sigma, \vec{P}^{i}) \quad , \qquad (4.53)$$

und es wird der Einfluss der mechanischen Spannung bzw. des elektrischen
Feldes auf die Entwicklung der remanenten Polarisation deutlich. An dieser
Stelle sei noch einmal darauf hingewiesen, dass der Piezoelektrizitätstensor $\hat{d}$
selbst eine Funktion der remanenten Polarisation ist, siehe Gl. (4.13). Somit
existiert die Kopplung von mechanischer Spannung und elektrischem Feld nur
im gepolten Zustand, d.h. $\vec{P}^{i} \neq \vec{0}$. Durch die Bildung der Norm in Gl. (4.53)
können Druck- und Zugspannungen die remanente Polarisation gleicherma-
ßen beeinflussen. Dies motiviert die funktionale Abhängigkeit der kritischen
dielektrischen Verschiebung $\hat{D}^{c}(\sigma, \vec{P}^{i})$ von der remanenten Polarisation bzw.
von der mechanischen Spannung. In Gl. (4.17) wird ausgewertet, ob es sich
um eine Zug- oder Druckspannung in Richtung der Polarisation handelt. Liegen Zugspannungen vor, wird die kritische dielektrische Verschiebung um den
Betrag $\|d : \sigma\|$ erhöht. So wird gewährleistet, dass Zugspannungen ohne über-
lagertes elektrisches Feld keinen Einfluss auf die remanente Polarisation haben.
Gleichzeitig veranschaulicht Gl. (4.53), dass die Materialparameter $\epsilon$, $\kappa$ und
die piezoelektrischen Konstanten $d_{\parallel}, d_{\perp}, d_{=}$ einen Einfluss auf die Fließfunktion
und somit auf die Entwicklung der Polarisation haben. Der nichtlineare Verlauf
der remanenten Polarisation in Abhängigkeit von der mechanischen Spannung
in Abb. 4.20 wird auch in experimentellen Messungen von [108] beobachtet.
Das Verbleiben im Material einer Restpolarisation wird nicht direkt über einen
Materialparameter vorgegeben. Vielmehr resultiert die Restpolarisation aus dem
asymptotischen Verlauf, bei dem die remanente Polarisation erst für unendlich
hohe mechanische Spannungen zu null wird.

***Ferroelektrisches Materialverhalten mit überlagerten mechanischen Spannungen***

Einem zyklischen elektrischen Feld wird in der Simulation eine konstante mechanische Druck- bzw. Zugbeanspruchung überlagert. In Abb. 4.21 werden

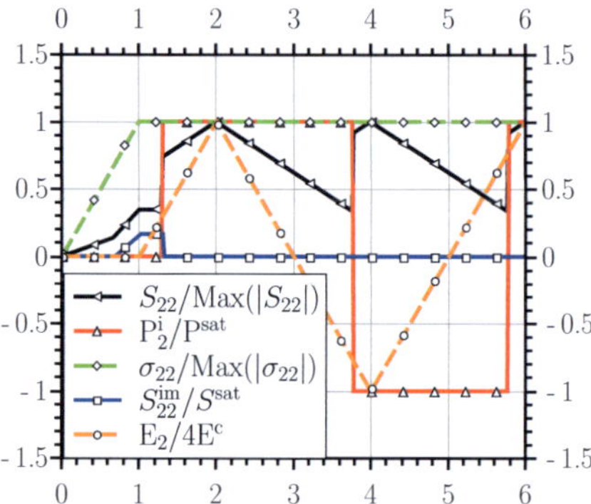

**Abb. 4.21:** Zeitliche Entwicklung von charakteristischen Größen für die Schmetterlingshysterese mit überlagerter Zugspannung von 60 MPa.

die zeitlichen Verläufe der remanenten Größen (Dehnung, Polarisation) und die aufgebrachten Lasten (elektrisches Feld, mechanische Spannung) für eine überlagerte Zugspannung von 60 MPa dargestellt. Die Kurven sind für eine bessere Darstellung auf den Wertebereich [-1; 1] normiert. Die Normierung erfolgt dabei wie in der Legende in Abb. 4.21 angegeben. Aus der überlagerten Belastung ergeben sich auf Grund der elektromechanischen Kopplung komplexe Verläufe. Die zu Beginn aufgebrachte Zugspannung führt zu einer Entwicklung der remanenten ferroelastischen Dehnung $S^{\mathrm{im}}$. Wird nun das elektrische Feld kontinuierlich erhöht, kommt es nach dem Überschreiten der Koerzitivfeldstärke zu einer Entwicklung der remanenten Polarisation. Die remanente ferroelastische Dehnung wird zu Gunsten der remanenten ferroelektrischen Dehnung $S^{\mathrm{ip}}$ abgebaut. Ist die Sättigungspolarisation erreicht, so führt ein weiterer Anstieg des elektrischen Feldes durch den linearen piezoelektrischen Effekt zu einem weiteren Anstieg der Dehnung $S$. Wird das elektrische Feld in entgegengesetzter Richtung angelegt, kommt es zu einem interessanten Verhalten. Das Umklappen der Domänen findet im Vergleich zum unbelasteten Fall bei größeren elektrischen Feldern statt. Dies entspricht einer höheren

Koerzitivfeldstärke. Die Zugspannung in Richtung der remanenten Polarisation stabilisiert somit den Polungszustand.

Experimentell sind gekoppelte elektromechanische Versuche schwer durchzuführen. Soweit bekannt, existieren nur Ergebnisse für eine überlagerte Druckbeanspruchung. In [21, 22] werden Zugexperimente durchgeführt, allerdings ohne überlagertes elektrisches Feld. Deshalb fehlen für den Belastungsfall mit überlagerten Zugbelastungen die experimentellen Ergebnisse. Nach dem ersten Halbzyklus, t=2 s[1] in Abb. 4.21, setzen sich die Verläufe periodisch fort. Die Form der Schmetterlingshysterese und der dielektrischen Hysteresen (siehe Abb. 4.23) sind somit symmetrisch.

Die Verläufe für eine überlagerte Druckbeanspruchung sind in Abb. 4.22 dargestellt. Durch die mechanische Beanspruchung kommt es zunächst zu einer negativen, remanenten Dehnung $S^{im}$ und somit zu einem nichtlinearen Verlauf der gesamten Dehnung. Wird nun ein elektrisches Feld kontinuierlich aufgebracht, entwickelt sich nach dem Überschreiten der Koerzitivfeldstärke eine remanente Polarisation. Die überlagerte Druckbeanspruchung führt dazu, dass bei zweieinhalbfacher Koerzitivfeldstärke der vollständig gepolte Zustand noch nicht erreicht ist. Die vorhandene remanente ferroelastische Dehnung wird zu Gunsten der remanenten ferroelektrischen Dehnung abgebaut, die sich unter dem hohen elektrischen Feld entwickelt. Wird das elektrische Feld reduziert, kommt es zu einer mechanischen Depolarisation. Dadurch verbleibt eine geringere remanente Polarisation nach dem Abschalten des elektrischen Feldes im Material. Wird nun ein entgegengesetztes elektrisches Feld aufgebracht, wirkt dies auch entgegen der vorhandenen remanenten Polarisation und reduziert die Koerzitivspannung, siehe Gl. (4.25). Die konstante Druckbeanspruchung führt deshalb zu einer Zunahme der remanenten ferroelastischen Dehnung. In der Schmetterlingshysterese, siehe Abb. 4.23d, äußert sich der Effekt darin, dass die Dehnung nach dem Aufbringen der mechanischen Last durch das elektrische Feld weiter reduziert wird. Unter Druckbeanspruchung bleibt die Koerzitivfeldstärke konstant. Dies entspricht den experimentellen Ergebnissen in [108]. Der äußere Spannungszustand beeinträchtigt in diesem Fall nicht das 90°-Umklappen der Domänen. Die Verläufe setzen sich nach dem ersten Halbzyklus, t=2 s in Abb. 4.22, periodisch fort.

Die Verläufe der dielektrischen Hysterese für Zug- und Druckspannungen mit ±60 MPa und ±200 MPa sind in Abb. 4.23a und Abb. 4.23b dargestellt. Zu Beginn sind die Verläufe aller Hysteresen identisch. Erst nach Überschreiten der Koerzitivfeldstärke kommt es zu einem Anstieg durch die Entwicklung der remanenten Polarisation. Die Steigung der dielektrischen Hysterese ist

---

[1]Das hier untersuchte Materialmodell ist unabhängig von der Belastungsgeschwindigkeit. Die Zeitangabe dient dazu die jeweiligen Belastungsschritte zu unterscheiden.

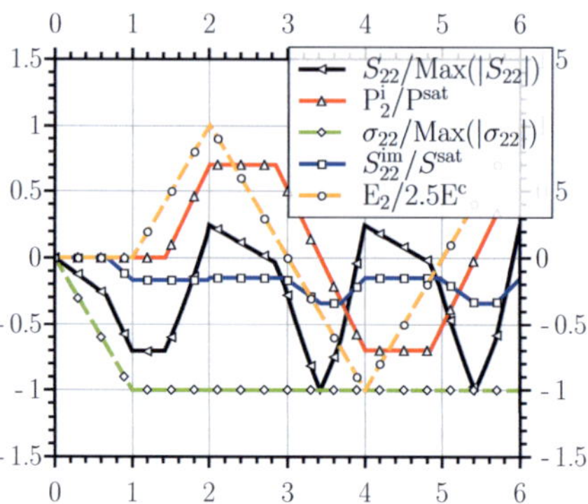


**Abb. 4.22:** Zeitliche Entwicklung von charakteristischen Größen für die Schmetterlingshysterese mit überlagerter −60 MPa Druckspannung.

abhängig von der überlagerten mechanischen Spannung, siehe Abb. 4.23a und Abb. 4.23b. Hierbei sind zwei Effekte wesentlich. Zum einen begünstigt die Zugbeanspruchung das Umklappen der Domänen, während die Druckspannung dieses behindert. Zum anderen erhöht der direkte piezoelektrische Effekt die Amplitude der dielektrischen Verschiebung für Zugspannung und verringert sie für Druckspannung. Beide Effekte überlagern sich und führen zu einer Stauchung der dielektrischen Hysterese und der Schmetterlingshysterese im Fall von Druckspannung bzw. einem Strecken bei Zugspannung. Die Simulationsergebnisse unter Druckbeanspruchung in Abb. 4.23b zeigen für alle Belastungsfälle eine konstante Koerzitivfeldstärke. Für eine hohe mechanische Druckbeanspruchung wird die dielektrische Hysterese geringer. Allerdings ist es mit sehr großen elektrischen Feldern immer möglich, die Domänen auszurichten. Dieser vollständig gepolte Zustand verschwindet wieder, wenn das elektrische Feld zurückgeht. Es ist somit unter der äußeren Druckbeanspruchung nicht stabil. Eine Zugbeanspruchung stabilisiert dagegen den Polungszustand. Deswegen kommt es zu keiner mechanischen Depolarisation, wenn das elektrische Feld reduziert wird, siehe Abb. 4.23a.

Die Verläufe der Dehnung unter einem zyklischen elektrischen Feld mit überlagerter mechanischer Spannung sind in Abb. 4.23b und Abb. 4.23d dargestellt. Hierdurch verändert sich, wie Experimente für Druckspannungen in [108] zeigen, die gesamte Form der Hysterese. Im Materialmodell von [114] führt eine Druckspannung nur zu einer vertikalen Verschiebung der Schmetterlingshysterese und kann deswegen das im Experiment gezeigte gekoppelte Verhalten nicht wiedergeben.

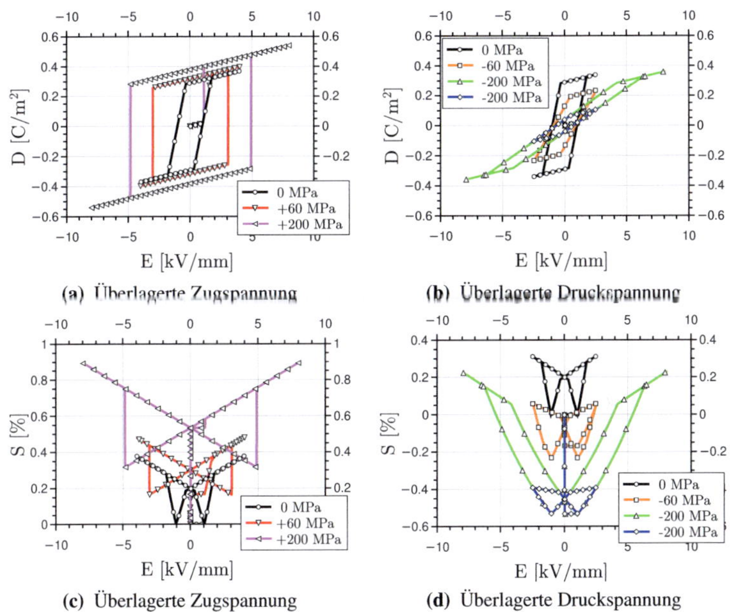



**Abb. 4.23:** Dielektrische Hysterese und Schmetterlingshysterese mit überlagerten mechanischen Spannungen

Vergleicht man die Differenz der Dehnung ohne äußeres elektrisches Feld im gepolten und im ungepolten Zustand, so nimmt der Unterschied mit überlagerter Zugspannung ab, siehe Abb. 4.23c. Im Fall einer Zugspannung von 200 MPa verschwindet die Differenz vollständig. Dieses Phänomen resultiert aus der remanenten ferroelastischen Dehnung, die zu Beginn ohne überlagertes elektrisches Feld auf Grund der Zugspannung entsteht. Die Zugspannung von 200 MPa führt zu einem Dehnungszustand, bei dem die remanente ferroelastische Dehnung der Sättigungsdehnung entspricht. Deshalb ist das Maximum der remanenten Dehnung erreicht. Eine zusätzliche Dehnung durch das Erhöhen des elektrischen Feldes entspricht deshalb einer rein reversiblen Dehnung. Der Sprung zu Beginn bei der Zugspannung von 200 MPa, in Abb. 4.23c, erklärt sich durch den Aufbau des piezoelektrischen Kopplungstensors.

*Ferroelastisches Materialverhalten mit überlagertem elektrischen Feld*
Zunächst wird ein elektrisches Feld von 1.1 kV/mm aufgebracht. Das elektrische Feld bleibt während der anschließend überlagerten, zyklischen mechani-

schen Belastung konstant. Die aus dieser Belastung resultierende Hysterese ist in Abb. 4.24 dargestellt. Zum Vergleich ist eine weitere ferroelastische Hysterese ohne überlagertes Feld, d.h. $\vec{E} = \vec{0}$, angegeben. Das aufgebrachte elektrische Feld erzeugt eine geringe remanente Polarisation von 0.02 C/m$^2$. Gleichzeitig stabilisiert das elektrische Feld den Polungszustand. Deshalb kommt es zu keiner mechanischen Depolarisation. Die geringe remanente Polarisation bleibt selbst bei maximaler Druckspannung von $-200$ MPa erhalten. Die remanente Polarisation induziert eine positive remanente Dehnung. Deshalb

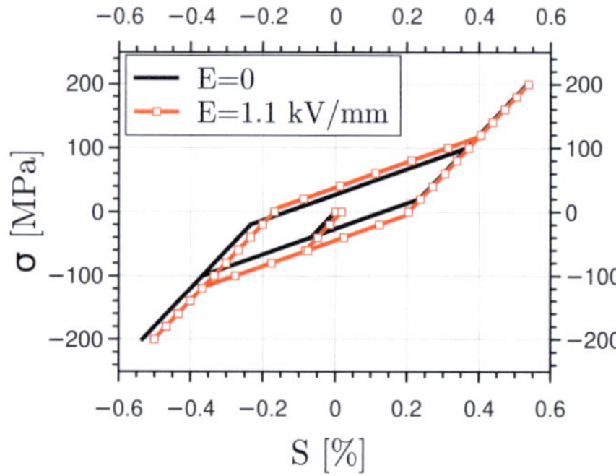


**Abb. 4.24:** Ferroelastische Hysterese mit überlagertem elektrischen Feld.

ist die ferroelastische Hysterese mit überlagertem elektrischen Feld nach rechts verschoben, siehe Abb. 4.24. Die Koerzitivspannung wird durch die vorhandene remanente Polarisation, die in Richtung des überlagerten elektrischen Feldes wirkt, auf Grund von Gl. (4.25) leicht erhöht. Die Koerzitivspannung ist für Druck- und Zugbelastungen identisch, da die Druckbelastung nicht zu einer Depolarisation führt und das elektrische Feld konstant ist. Oberhalb der kritischen Spannung klappen die nicht orientierten Domänen bis zum Erreichen der Sättigungsdehnung um. Das Sättigungskriterium in Gl. (4.27) gewährleistet, dass die gesamte remanente Dehnung kleiner oder gleich der Sättigungsdehnung ist ($\left\|S^{\mathrm{im}}\right\| + \left\|S^{\mathrm{ip}}\right\| \leq S^{\mathrm{sat}}$). Die ferroelastische und ferroelektrische remanente Dehnung haben unterschiedliche Vorzeichen. Im Druckbereich der ferroelastischen Hysterese, siehe Abb. 4.24, ist deswegen die Dehnung im Vergleich zur Hysterese ohne überlagertes elektrisches Feld geringer. Unter Zugspannung und im vollständig gesättigten Bereich der Hysterese, d.h. $\sigma > 120$ MPa, addieren sich die in positive Richtung zeigenden remanenten Dehnungsanteile. Deshalb liegen hier beide Kurven übereinander. Eine vorhandene remanente

Polarisation in Richtung eines überlagerten elektrischen Feldes führt somit zu einer unsymmetrischen ferroelastischen Hysterese.

***Mechanische Spannungen senkrecht zur remanenten Polarisationsrichtung***
Durch das Aufbringen einer mechanischen Spannung ist es nicht möglich, eine remanente Polarisation zu erzeugen. Existiert bereits eine remanente Polarisation, so kann diese jedoch durch eine mechanische Spannung beeinflusst werden. Ein Materialmodell für Ferroelektrika sollte in der Lage sein, die De-

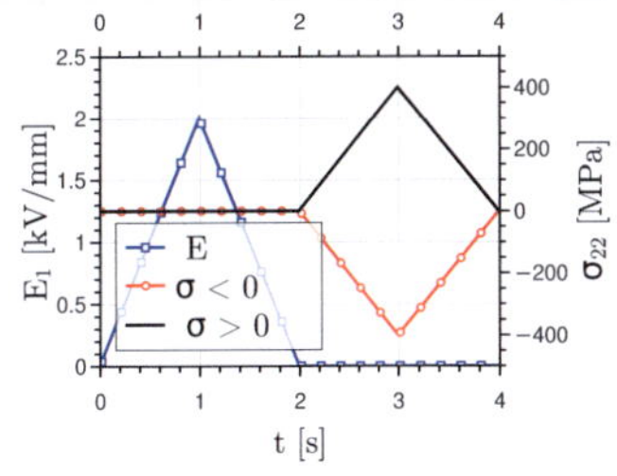

(a) Zeitliche Verläufe der äußeren Belastungen.

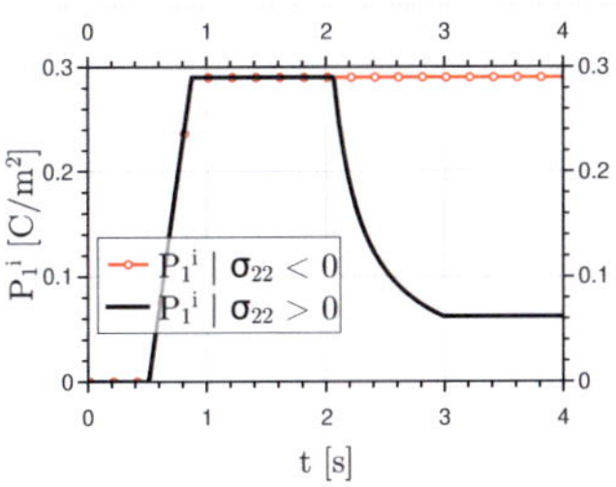

(b) Zeitliche Verläufe der remanenten Polarisation.

**Abb. 4.25:** Simulation von Zug- bzw. Druckspannungen senkrecht zur remanenten Polarisationsrichtung.

polarisation durch eine mechanische Spannung abhängig von der Orientierung der mechanischen Belastung zur remanenten Polarisation korrekt wiederzugeben. Zur Verifikation werden hierfür zwei Simulationen durchgeführt. Dabei werden sowohl eine Druckspannung als auch eine Zugspannung senkrecht zur remanenten Polarisation aufgebracht. Die zeitlichen Verläufe der äußeren Belastungen und die daraus resultierenden Verläufe der remanenten Polarisation zeigen Abb. 4.25a und Abb. 4.25b. Es wird erwartet, dass nur eine Zugspannung senkrecht zur Polungsrichtung zu einem Umklappen der Domänen führt und damit zu einer Reduktion der remanenten Polarisation. Die Wiedergabe dieses Materialverhaltens wird durch Gl. (4.17) sichergestellt. Die Wiedergabe der Depolarisation unter mehrachsiger Belastung erfolgt durch die Bildung des Spannungsdeviators. Für die mechanische Zugspannung gilt dann

$$\vec{e}^{\,\mathrm{Pi}} \cdot \boldsymbol{\sigma}^{\mathrm{Dev}} \cdot \vec{e}^{\,\mathrm{Pi}} = -\frac{1}{3}\sigma_{22} < 0 \quad \Longrightarrow \quad \hat{\mathrm{D}}^{\mathrm{c}} = \mathrm{D}^{\mathrm{sat}} \quad .$$

Deshalb kommt es zu einer mechanischen Depolarisation, wenn die Zugspannung groß genug ist. Für eine Druckbelastung folgt

$$\vec{e}^{\,\mathrm{P^i}} \cdot \boldsymbol{\sigma}^{\mathrm{Dev}} \cdot \vec{e}^{\,\mathrm{P^i}} = \frac{1}{3}\sigma_{22} > 0 \qquad \Longrightarrow \qquad \hat{\mathrm{D}}^{\mathrm{c}} = \mathrm{D}^{\mathrm{sat}}\left(1 + \|\hat{\mathbf{d}} : \boldsymbol{\sigma}\|\right) \quad .$$

Der Vorzeichenwechsel im Vergleich zur Zugspannung führt dazu, dass die kritische dielektrische Verschiebung mit steigender mechanischer Belastung ansteigt. Ein Umklappen der Domänen findet nicht statt, so dass die remanente Polarisation konstant bleibt. Vielmehr wird die Ausrichtung der Domänen durch die mechanische Druckspannung zusätzlich stabilisiert. Dies macht Gl. (4.53) deutlich, in der der Einfluss der mechanischen Spannung auf die elektrische Fließfunktion dargestellt ist.

# 5 Einfluss der elektrischen Leitfähigkeit auf das Bauteilverhalten

In diesem Kapitel werden Ergebnisse von simulierten Polungsprozessen vorgestellt und der Einfluss der elektrischen Leitfähigkeit untersucht. In der Literatur [4, 99, 106] wird der Einfluss der elektrischen Leitfähigkeit auf akustische Wellen im piezoelektrischen Material untersucht. Das Materialverhalten wir dabei durch die linearen piezoelektrischen Gleichungen beschrieben. Der elektrische Strom sowie die Interaktion zwischen Raumladungen und akustischen Wellen führen hierbei zu Verlusten. Eine überlagerte Wechselspannung kann die akustischen Wellen im piezoelektrischen Halbleiter jedoch auch verstärken [102].
Die Arbeiten [81, 82] zeigen bei 0-3 Kompositen eine Verbesserung der piezoelektrischen Eigenschaften, d.h. eine stärkere elektromechanische Kopplung, durch die Zugabe von 1% Graphit zu PZT/PU[1]. Hierdurch wird die elektrische Leitfähigkeit von PU gezielt erhöht. In [12] verbessert sich die piezoelektrische Kopplung eines 0-3 Komposites durch die Diffusion von N-Dimethylacetamide und [104] führt diese auf die erhöhte Leitfähigkeit der Polymermatrix zurück. Während des Polungsprozesses, der bis zu einer Stunde dauert, bewegen sich die Raumladungen zur Grenzschicht zwischen den PZT-Partikeln und der PU-Matrix. Durch diesen zeitabhängigen Prozess wird die Diskontinuität der dielektrischen Verschiebung an der Materialgrenze abgebaut und die Polarisation in der PZT-Keramik stabilisiert. So entsteht eine bessere elektromechanische Kopplung des 0-3 Komposites.
Für die Simulation von 0-3 Kompositen wurden in [73, 101, 104] Modelle entwickelt, die die elektrische Leitfähigkeit berücksichtigen. Die hierfür verwendeten Materialmodelle können jedoch nur das dielektrische Hystereseverhalten der ferroelektrischen Keramik wiedergeben. Eine elektromechanische Kopplung wird nicht berücksichtigt. In [56, 74, 92] wird mit diesen Modellen auch der Polungsprozess von Vielschichtstrukturen aus unterschiedlichen Materialien untersucht. Die Experimente und Simulationen zeigen, dass für Komposit-Strukturen der zeitabhängige Einfluss der elektrischen Leitfähigkeit nicht vernachlässigt werden kann.
Mit Hilfe des in Kap. 4.2 entwickelten Materialmodells kann das nichtlineare, gekoppelte Materialverhalten von Ferroelektrika beschrieben werden. Die Implementierung in die Finite-Elemente-Methode in Kap. 3.2.1 ermöglicht die Untersuchung einer Vielzahl von Problemstellungen unter Berücksichtigung

---

[1]PU: Polyurethane

der elektrischen Leitfähigkeit. Die im Folgenden vorgestellten Simulationen zeigen, ein interessantes Bauteilverhalten, auch wenn die betrachteten Geometrien einfach sind. Durch den direkten Zugriff auf alle Feldgrößen in der Simulation kann dieses Verhalten im Detail erklärt werden. In Kap. 5.1 wird das Polungsverhalten von zweilagigen Schichtstrukturen untersucht. Unter Berücksichtigung der elektrischen Leitfähigkeit können neue Polungsprozesse für eine optimale Orientierung der Polarisation entwickelt werden. Die Simulation eines Hohlzylinders, in Kap. 5.2, und eines Stapelaktors, in Kap. 5.3, zeigen ein nicht verschwindendes elektrisches Feld nach dem Polungsprozess. Der Transport von elektrischen Ladungen sorgt für eine zeitabhängige Veränderung des elektrischen Feldes, das rückwirkend auch die Verformung und die mechanischen Spannungen beeinflusst.

## 5.1 Zweilagige Komposit-Struktur

In diesem Abschnitt wird das Polungsverhalten von zwei Komposit-Strukturen, bestehend aus jeweils zwei unterschiedlichen Materialien, untersucht. Zunächst wird in Kap. 5.1.1 auf ein eindimensionales Modell eingegangen das aus zwei zusammengefügten Dielektrika besteht. Für das lineare Materialverhalten kann eine analytische Lösung angegeben werden. Dieses Modell dient zum einen zur Verifikation der Finite-Elemente-Implementierung und zum anderen zur Untersuchung des Einflusses der elektrischen Leitfähigkeit. Zusätzlich wird in Kap. 5.1.2 ein Modell, bestehend aus einer Hart-PZT-Keramik und einer Weich-PZT-Keramik, betrachtet. Durch die Berücksichtigung des nichtlinearen Materialverhaltens und der elektrischen Leitfähigkeit ist es möglich, den Polungsprozess der Komposit-Struktur zu untersuchen. Nur so kann ein Polungsprozess entwickelt werden, der eine für die Anwendung als Biegeaktor optimale entgegengesetzte Ausrichtung der remanenten Polarisation in den Schichten erzeugt.

### 5.1.1 Komposit-Struktur aus zwei Dielektrika

Für die Simulation einer zweilagigen Schichtstruktur wurde ein Modell, siehe Abb. 5.1, erstellt. Es handelt sich hierbei um ein eindimensionales Problem. Deshalb kann bei der Herleitung der analytischen Lösung auf eine vektorielle Beschreibung verzichtet werden. Die skalaren Größen beziehen sich auf die jeweilige Komponente in $y$-Richtung. Für eine Validierung der Finite-Elemente-Formulierung werden die zwei Materialien als ein lineares Dielektrikum modelliert. Auftretende mechanische Spannungen werden in diesem Modell nicht berücksichtigt. Somit ist dieses Problem abhängig von drei Parametern in den beiden Schichten m1 und m2, d.h. der Schichtdicke $s$, der dielektrischen Feldkonstante $\epsilon$ und dem spezifischen Widerstand $\Omega$. Die Abhängigkeit des elek-

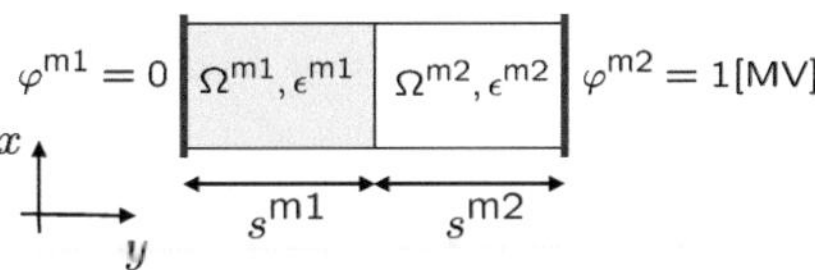


**Abb. 5.1:** Modellbeschreibung einer zweilagigen Komposit-Struktur.

trischen Stroms vom elektrischen Feld wird mit Hilfe des ohmschen Gesetzes beschrieben. Der spezifische elektrische Widerstand wird als konstant und isotrop angenommen. Durch die Reihenschaltung der dielektrischen Materialien und auf Grund der Randbedingung $\varphi^{m1} = 0$ folgt der Zusammenhang

$$E^{m1} \cdot s^{m1} + E^{m2} \cdot s^{m2} = \varphi^{m2} \quad . \tag{5.1}$$

Somit sind die elektrischen Felder innerhalb der Schichten abhängig von deren Schichtdicke und von dem angelegten elektrischen Potential $\varphi^{m2}$. Die Übergangsbedingung an der Grenzschicht liefert mit

$$J^{m1} = J^{m2} \quad , \tag{5.2}$$
$$\Omega^{m1} \cdot E^{m1} + \dot{D}^{m1} = \Omega^{m2} \cdot E^{m2} + \dot{D}^{m2} \tag{5.3}$$

eine Differentialgleichung erster Ordnung. Diese kann mit Hilfe eines Exponentialansatzes und durch Einsetzen der Gl. (5.1) gelöst werden, so dass

$$E^{m1}(t) = \frac{\Omega^{m2} \cdot \phi^{m2}}{\Omega^{m2} \cdot s^{m1} + \Omega^{m1} \cdot s^{m2}} \cdot (1 - e^{-t/\tau}) + \frac{\epsilon^{m2} \cdot \phi^{m2}}{\epsilon^{m2} \cdot s^{m1} + \epsilon^{m1} \cdot s^{m2}} \cdot e^{-t/\tau} \quad , \tag{5.4}$$

$$E^{m2}(t) = \frac{\Omega^{m1} \cdot \phi^{m2}}{\Omega^{m2} \cdot s^{m1} + \Omega^{m1} \cdot s^{m2}} \cdot (1 - e^{-t/\tau}) + \frac{\epsilon^{m1} \cdot \phi^{m2}}{\epsilon^{m2} \cdot s^{m1} + \epsilon^{m1} \cdot s^{m2}} \cdot e^{-t/\tau} \quad . \tag{5.5}$$

Dabei beschreibt die Konstante

$$\tau = \frac{\epsilon^{m2} \cdot s^{m1} + \epsilon^{m1} \cdot s^{m2}}{\Omega^{m2} \cdot s^{m1} + \Omega^{m1} \cdot s^{m2}} \tag{5.6}$$

die zeitliche Entwicklung des elektrischen Feldes in der jeweiligen Schicht. Zu Beginn, d.h. t=0 s, ist der erste Term in Gl. (5.4) und in Gl. (5.5) gleich null. Deshalb ist das elektrische Feld innerhalb beider Schichten nur abhängig von den Schichtdicken und den dielektrischen Feldkonstanten. Dies entspricht dem Verhalten eines perfekten Isolators. Der Einfluss der Leitfähigkeit nimmt mit der Zeit zu. Für $t \rightarrow \infty$ ist das elektrische Feld nur abhängig von den Schichtdicken und den jeweiligen in Reihe geschalteten spezifischen Widerständen. Zum

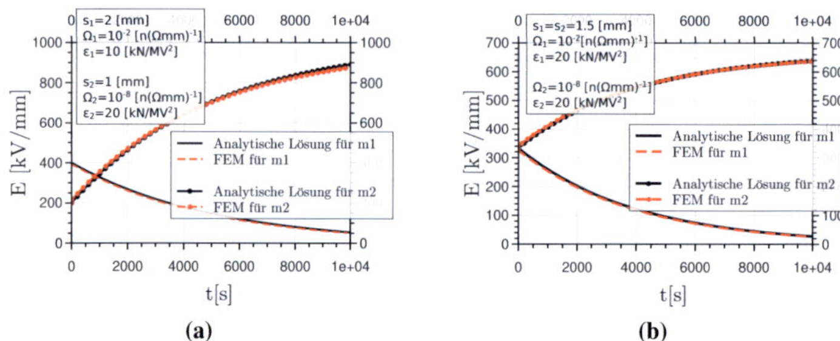

**Abb. 5.2:** Zeitliche Entwicklung des elektrischen Feldes für das Modell in Abb. 5.1.

Vergleich ist die mit Hilfe der Finite-Elemente-Methode berechnete zeitliche Entwicklung des elektrischen Feldes für beide Schichten in Abb. 5.6 dargestellt. Dabei werden zwei Paare von Parametern (Schichtdicke, dielektrische Feldkonstante) betrachtet und zusätzlich die entsprechenden analytischen Lösungen. Die numerischen Lösungen stimmen gut mit den analytischen Lösungen überein. Dies bestätigt die Implementierung der schwachen Formulierung der Bilanzgleichung in Gl. (3.16) für das neu entwickelte Finite-Element.

## 5.1.2 Komposit-Struktur aus zwei Ferroelektrika

Für die Entwicklung von Aktoren ist der Aufbau aus gradierten Materialien von großem Interesse, da hierdurch innere mechanische Spannungen reduziert werden können [92]. Für den Biegeaktor (Biegewandler), siehe Schemadarstellung in Abb. 5.3, ermöglichen die unterschiedlichen Kopplungseigenschaften der jeweiligen Materialien größere Stellwege. Ist die Richtung der Polarisation innerhalb der zwei Schichten entgegengesetzt orientiert, so bewirkt ein äußeres elektrisches Feld auf Grund des piezoelektrischen Effekts in einer Schicht eine Kontraktion sowie gleichzeitig in der anderen Schicht eine Extraktion.

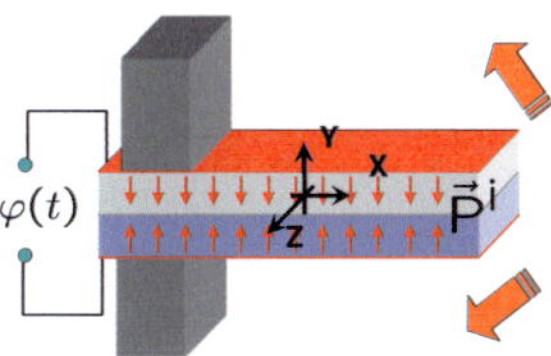


**Abb. 5.3:** Schematische Darstellung eines Biegeaktors.

Hierdurch nimmt die Biegung und damit verbunden der Stellweg zu. Für die Elektroden wird meist eine teure Silber-Palladium-Legierung verwendet, [72]. Wird keine inneren-Elektrode benötigt, so führt dies zu einer Kostenreduktion. Eine entgegengesetzt orientierte remanente Polarisation kann ohne eine innere Elektrode durch einen Verbund aus Hart-PZT-Keramik und Weich-PZT-Keramik erzeugt werden. Diese Methode wurde in [92] vorgestellt. Das hierfür verwendete Modell berücksichtigt die elektrische Leitfähigkeit, kann allerdings nur das ferroelektrische und nicht das ferroelastische Materialverhalten wiedergeben. Die im Folgenden dargestellten Ergebnisse wurden mit dem nichtlinearen Materialmodell aus Kap. 4.2 erzielt.

Die in Abb. 5.3 dargestellte Einspannung wird für die Simulation des Polungsprozesses nicht berücksichtigt. Deshalb ist das Modell des Biegeaktors in $x$- und $z$-Richtung symmetrisch und es kann nur ein Viertelmodell betrachtet werden, siehe Abb. 5.7. Als Randbedingungen werden auf den Flächen $x = 0$ und $z = 0$ die entsprechenden Verschiebungen auf den Wert null festgesetzt. Zusätzlich wird im Punkt $[0, 0, 0]$ die Verschiebung in $x$-Richtung zu null gesetzt. Der Biegeaktor hat eine Breite von 6 mm, eine Länge von 40 mm und eine Höhe von 2 mm. Die Schichtdicken der Materialien entsprechen jeweils 1 mm. Zunächst wird der Einfluss von mechanischen Spannungen auf den Polungsprozess vernachlässigt. Dies wird durch die Wahl eines sehr geringen Elastizitätsmoduls für beide Materialien erreicht. Somit ergeben sich im Modell keine mechanischen Spannungen und die elektrischen Felder innerhalb der zwei Schichten sind homogen. Hierdurch können die prinzipiellen Mechanismen, die eine entgegengesetzte Ausrichtung der remanenten Polarisation in den Schichten ermöglichen, anschaulich erklärt werden.

Die gewählten Materialparameter sind mit Ausnahme des Elastizitätsmoduls in Tab. 5.1 zusammengefasst. Sie geben die prinzipiellen Unterschiede zwischen einer Weich- und einer Hart-PZT-Keramik wieder und wurden aus den Messungen von [1, 65] abgeleitet. Für den spezifischen Widerstand von PZT-Keramik finden sich in der Literatur [73, 81, 101, 104] Werte im Bereich von

$\Omega = 10^{-10}\ldots10^{-12}$ $(\Omega m)^{-1}$. Die Arbeit von [87] liefert Messwerte[1] die das Halbleiterverhalten einer PZT-Keramik erklären. Eine Anisotropie des spezifischen elektrischen Widerstandes in Abhängigkeit vom Polungs- und Dehnungszustand wurde bisher in der Literatur noch nicht untersucht. Deswegen wird mit einem isotropen spezifischen Widerstandstensor gerechnet. Aus numerischen Gründen, siehe Kap. 3.2.1, wird hier mit einem größeren spezifischen Widerstand von $10^{-8}$ $(\Omega m)^{-1}$ gerechnet. Das phänomenologische Materialmodell aus Kap. 4.2 ist zeitunabhängig formuliert. Deshalb führt ein kleinerer spezifischer Widerstand nur zu einer Verzögerung der ablaufenden Prozesse. Die in diesem Kapitel dargestellten grundlegenden Mechanismen werden nicht beeinflusst.

Die simulierten dielektrischen Hysteresen und Schmetterlingshysteresen sind

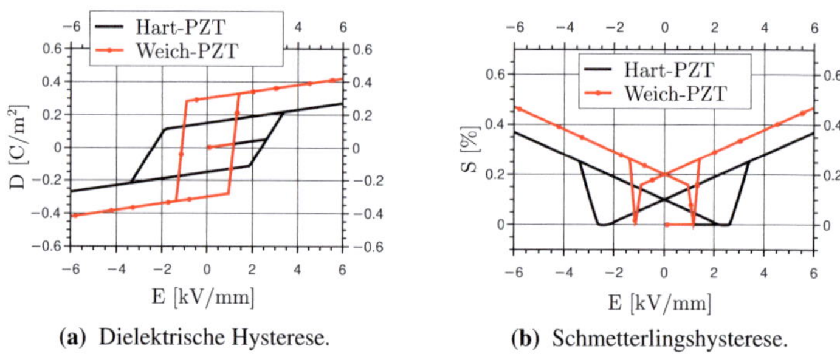

(a) Dielektrische Hysterese.      (b) Schmetterlingshysterese.

**Abb. 5.4:** Ferroelektrisches Materialverhalten von Weich- und Hart-PZT-Keramiken.

in Abb. 5.4 dargestellt und zeigen das unterschiedliche Verhalten einer Weich- und einer Hart-PZT-Keramik. Die Koerzitivfeldstärke der Hart-PZT-Keramik ist größer und die Sättigungspolarisation wird erst bei hohen elektrischen Feldern erreicht. Die Weich-PZT-Keramik zeigt eine größere Sättigungspolarisation, siehe Abb. 5.4a, und eine größere Sättigungsdehnung, siehe Abb. 5.4b.
Vergleicht man die simulierten dielektrischen Hysteresen beider Materialien, siehe Abb. 5.4a, so hat die Polarisation beim Durchlaufen der Hysteresen von 0 kV/mm zu 2 kV/mm bis zu einem elektrischen Feld von −2 kV/mm ein entgegengesetztes Vorzeichen. Dies gilt jedoch nur, wenn beide Materialien getrennt voneinander durch den gleichen Verlauf des elektrischen Feldes gepolt werden.
Mit Hilfe einer Finite-Elemente-Simulation wird im Folgenden der Polungsvorgang eines Materialverbundes, bestehend aus einer Schicht Weich-PZT-Keramik

---

[1]Bandlücke, die Höhe der Schottky-Bariere und die Elektronenaffinität

und einer weiteren Schicht Hart-PZT-Keramik, genauer untersucht. Obwohl die elektrische Leitfähigkeit in dieser Simulation berücksichtigt wird, hat diese nur einen geringen Einfluss auf die in Abb. 5.5 dargestellten Ergebnisse, da die mit der Leitfähigkeit verbundenen Prozesse mehr Zeit benötigen. Die Schichten sind ohne eine innere-Elektrode fest miteinander verbunden und haben jeweils eine Dicke von 1 mm. Im ersten Schritt werden beide Materialien mit einem elektrischen Feld von 6 kV/mm vollständig in positive Richtung gepolt. Die Verläufe des elektrischen Feldes und der remanenten Polarisation sind für beide Materialien in Abb. 5.5 dargestellt. In der Weich-PZT-Keramik beginnt auf Grund der niedrigeren Koerzitivfeldstärke die Entwicklung der remanenten Polarisation früher. Dadurch werden Oberflächenladungen aus der Weich-PZT-Keramik an die Grenzschicht zwischen den Materialien transportiert, die das elektrische Feld in den Schichten unterschiedlich beeinflussen, siehe Abb. 5.5a. In der Weich-PZT-Keramik reduzieren die Oberflächenladungen den Anstieg des elektrischen Feldes, während dieses in der Hart-PZT-Keramik verstärkt wird. Ein Ladungsausgleich ist nur durch die Entwicklung der remanenten Polarisation in der Hart-PZT-Keramik möglich. Hieraus resultiert eine nahezu zeitgleiche Entwicklung der remanenten Polarisation in beiden Schichten, siehe Abb. 5.5b, obwohl die Materialien unterschiedliche Koerzitivfeldstärken besitzen. Ist die Sättigungspolarisation der Hart-PZT-Keramik erreicht, kann diese nicht mehr durch die Änderung der remanenten Polarisation zusätzliche Ladungen auf die Grenzfläche transportieren. Nur noch der lineare piezoelektrische Effekt liefert zusätzliche Ladungen. Dies verlangsamt die zeitliche Entwicklung der remanenten Polarisation in der Weich-PZT-Keramik. Reduziert man das äußere elektrische Potential auf beiden Außenelektroden bis auf null, so bleiben in den Schichten elektrische Felder mit entgegengesetzten Vorzeichen. Diese entstehen auf Grund der unterschiedlichen Sättigungspolarisationen beider Materialien, da so elektrischen Ladungen auf der Grenzfläche verbleiben. Das entgegen der remanenten Polarisation wirkende elektrische Feld in der Weich-PZT-Keramik führt dort zu einer deutlichen elektrischen Depolarisation. Wird in einem zweiten Schritt ein äußeres elektrisches Feld in entgegengesetzter bzw. negativer Richtung aufgebracht, so führt dies zu einer weiteren elektrischen Depolarisation der Weich-PZT-Keramik. Ziel ist, durch das elektrische Feld die Richtung der remanenten Polarisation in nur einer Schicht umzukehren. Jedoch bewirken die Oberflächenladungen auf der Grenzschicht, dass eine unabhängige Entwicklung der remanenten Polarisation in nur einer Schicht nur geringfügig möglich ist. Dies wird in Abb. 5.5b durch die fast deckungsgleichen Verläufe der remanenten Polarisation während des Umpolens der Weich-PZT-Keramik deutlich. Mit dem hier vorgestellten Polungsvorgang ist es somit nicht möglich, eine entgegengesetzte Polungsrichtung in den Schichten herzustellen, obwohl

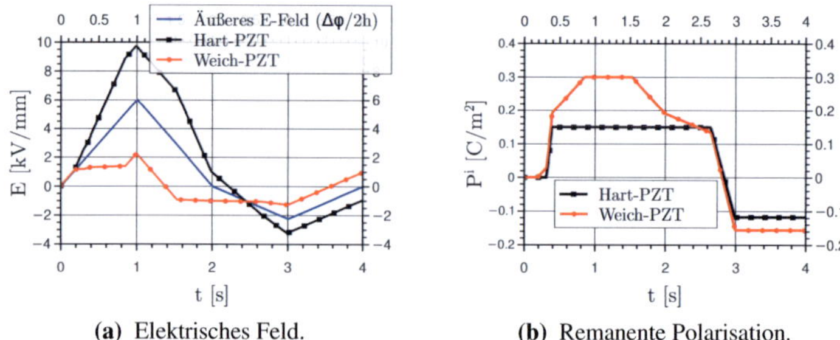

(a) Elektrisches Feld.                    (b) Remanente Polarisation.

**Abb. 5.5:** Zeitliche Entwicklung des elektrischen Feldes und der remanenten
Polarisation in der Hart- und der Weich-PZT-Keramik.

die Materialien unterschiedliche Koerzitivfeldstärken besitzen.

In der Arbeit von [92] wird ein Polungsprozess vorgestellt, der eine entgegengesetzte Orientierung der remanenten Polarisation in den zwei Schichten
ermöglicht. Hierfür ist die Berücksichtigung der elektrischen Leitfähigkeit beider Materialien entscheidend. In der Simulation sind sowohl die spezifischen
elektrischen Widerstände und die dielektrische Feldkonstante beider Materialien
als auch ihre Schichtdicken (1 mm) gleich groß, siehe Tab. 5.1. Diese Parameter haben, wie Gl. (5.4) zeigt, einen Einfluss auf die zeitliche Entwicklung
des elektrischen Feldes. Der Polungsprozess kann in zwei Schritte aufgeteilt
werden. Hierbei stimmt die im ersten Schritt durchgeführte Polung bis zum
Zeitpunkt t=2 s mit den in Abb. 5.5 dargestellten Ergebnissen überein. Entscheidend für die Neuorientierung der remanenten Polarisation in nur einer Schicht
ist der zweite Schritt. Dabei wird ein negatives elektrisches Feld über einen
längeren Zeitraum konstant gehalten, vergl. t>2.5 s in Abb. 5.6a. Dieses äußere
elektrische Feld muss so groß sein, dass in der Weich-PZT-Keramik die Neuorientierung der remanenten Polarisation beginnt. Gleichzeitig muss der Betrag
des negativen äußeren elektrischen Feldes sicherstellen, dass die Sättigungspolarisation in der Hart-PZT-Keramik verbleibt. Die Weich-PZT-Keramik ist in dem
nichtlinearen Bereich der Hysterese, in dem eine kleine Veränderung des elektrischen Feldes eine große Änderung der Polarisation bewirkt. Diese Veränderung
des inneren elektrischen Feldes wird durch den nun möglichen Transport von
elektrischen Fremdladungen verursacht. Der Unterschied zwischen den lokalen
elektrischen Feldern in den jeweiligen Schichten führt auf Grund des ohmschen
Gesetzes zu unterschiedlichen elektrischen Strömen. Diese verschiedenen elektrischen Ströme bewirken einen Ladungsausgleich an der Grenzschicht. Der
Betrag des negativen elektrischen Feldes steigt in der Weich-PZT-Keramik an,
siehe Abb. 5.6a. Daraus resultiert die Neuorientierung der remanenten Polarisa-

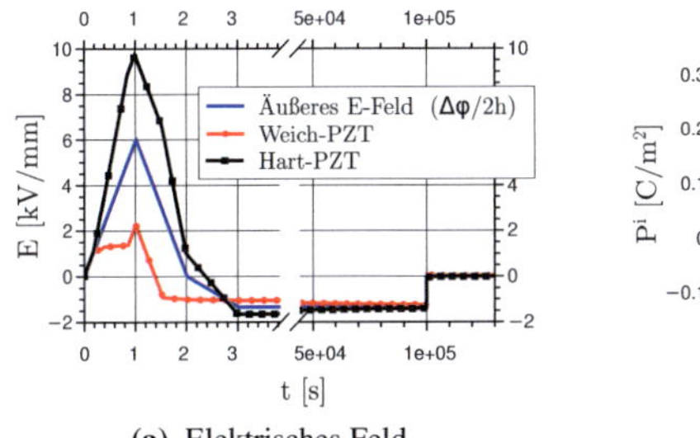
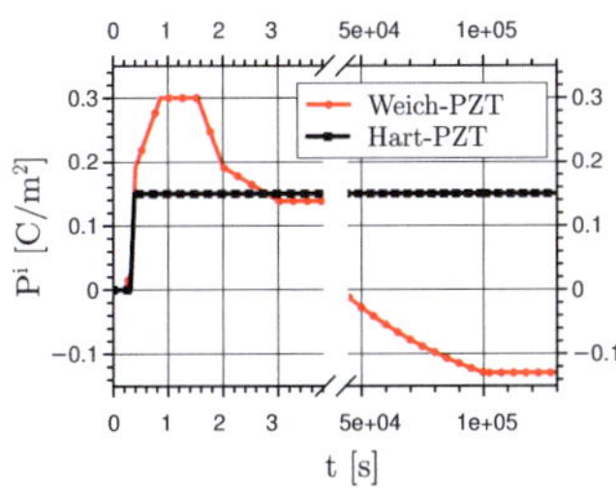

(a) Elektrisches Feld.  (b) Remanente Polarisation.

**Abb. 5.6:** Zeitliche Entwicklung des elektrischen Feldes und der remanenten Polarisation in der Hart- und der Weich-PZT-Keramik.

tion. Durch die Berücksichtigung der elektrischen Leitfähigkeit und der daraus resultierenden Zeitabhängigkeit des Polungsprozesses ist es möglich, den Betrag der remanenten Polarisation zu steuern. Für $t \to \infty$ ist der elektrische Strom in beiden Schichten auf Grund des gleichen spezifischen Widerstandes identisch und damit auch das elektrische Feld. Das Minimum des negativen elektrischen Feldes in der Weich-PZT-Keramik und damit der remanenten Polarisation ist erreicht, wenn die elektrischen Felder in beiden Schichten gleich groß sind. Der Verlauf der remanenten Polarisation ist für beide Schichten in Abb. 5.6b dargestellt. Die remanente Polarisation in der Hart-PZT-Keramik bleibt nach dem Polungsprozess konstant. In der Weich-PZT-Keramik kommt es, wie zuvor beschrieben, gesteuert durch die Verweildauer des äußeren elektrischen Feldes zur Neuorientierung der remanenten Polarisation. Die remanente Polarisation wird in den jeweiligen Schichten durch die Wegnahme des äußeren elektrischen Feldes am Ende des Polungsprozesses nicht mehr beeinflusst. Somit verbleibt die für eine Aktoranwendung interessante entgegengesetzte Orientierung der remanenten Polarisation in den beiden Schichten erhalten.

Der Einfluss von mechanischen Spannungen und die Deformationen des Aktors werden mit Hilfe eines weiteren Finite-Elemente-Modells untersucht. Durch die Wahl eines realistischen Elastizitätsmoduls, siehe Tab. 5.1, existieren in diesem Modell mechanische Spannungen und es wird das gekoppelte elektro-mechanische Verhalten der Hart- und Weich-PZT Keramiken berücksichtigt. Der Verlauf des vorgegebenen äußeren elektrischen Feldes entspricht dem in Abb. 5.6a. Die lokalen elektrischen Felder im Biegeaktor sind jedoch durch die nun vorhandenen mechanischen Spannungen inhomogen und unterscheiden sich, siehe Abb. E.1a im Anhang E. Die remanente Polung in $y$-Richtung ist für den Zeitpunkt t=1 s, d.h. bei maximalem elektrischen Feld und für den

---

[1]Hier, sowie in Tab. 5.2, wird das für die FE optimierte Einheitensystem dargestellt.

| | Weich-PZT | Hart-PZT | Einheit[1] | | Weich-PZT | Hart-PZT | Einheit[1] |
|---|---|---|---|---|---|---|---|
| $P^{sat}$ | 0.3 | 0.15 | kN/MVmm | $h$ | 0.02 | | kN/mm$^2$ |
| $S^{sat}$ | 0.002 | 0.001 | | $\nu$ | 0.37 | | |
| $c^{m}$ | 20 | | kN/mm$^2$ | $Y$ | 60 | 80 | kN/mm$^2$ |
| $c^{d}$ | 1.015 | 1.1 | | $d_{\parallel}$ | 0.45 | | mm/MV |
| $E^{c}$ | 1.1 E$-$3 | 2.5 E$-$3 | MV/mm | $d_{\perp}$ | -0.21 | | mm/MV |
| $\sigma^{c}$ | 40E$-$3 | 80E$-$3 | kN/mm$^2$ | $d_{=}$ | 0.29 | | mm/MV |
| $\kappa$ | 20 | | kN/MV$^2$ | $\Omega$ | 1E$-$2 | | n($\Omega$mm)$^{-1}$ |

**Tab. 5.1:** Materialparameter zur Simulation einer Weich- und Hart-PZT-Keramik.

Zeitpunkt t=1E +5 s, d.h. am Ende des Polungsprozesses, wenn kein äußeres elektrisches Feld mehr anliegt, in Abb. 5.7 dargestellt. Die untere Schicht

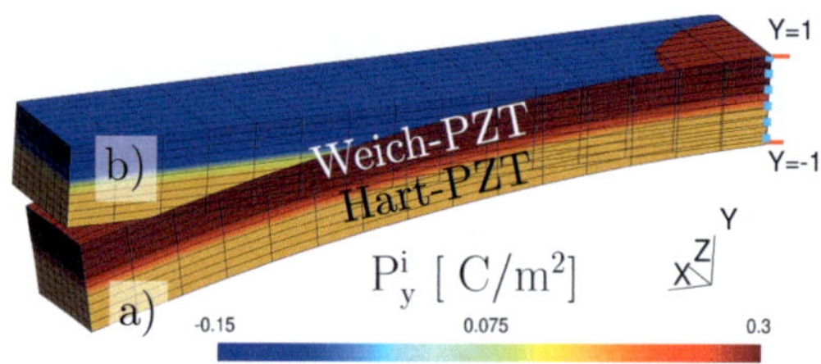


**Abb. 5.7:** Deformation des Biegeaktors und Verteilung der remanenten Polarisation für den Zeitpunkt a) t=1 s bzw. b) t=1E +5 s.

ist die Hart-PZT-Keramik, bei der sich Orientierung und Betrag der remanenten Polarisation nach dem Anfangspolen nicht mehr verändern. In der oberen Schicht der Weich-PZT-Keramik stellt sich zu Beginn des Polungsprozesses die Sättigungspolarisation in positiver Richtung ein. Nach der Haltezeit dreht sich die Polarisation in negative Richtung. Das Materialverhalten während des Polungsprozesses entspricht somit prinzipiell dem Verlauf in Abb. 5.6. Mechanische Spannungen beeinflussen diesen nur geringfügig, siehe Anhang E. Für eine deutlichere Darstellung der Deformation wurden die Verschiebungen in Abb. 5.7 mit dem Faktor 20 vergrößert. Ursache dieser Deformation ist eine Überlagerung von Dehnungskomponenten. Der Verlauf der Gesamtdehnung, d.h. der remanenten Dehnung auf Grund der Polarisation und der reversiblen Dehnung, ist entlang des Aktor-Querschnittes $x = z = 0$ in Abb. 5.8a dargestellt.

In Abb. 5.8 wurden die Werte an der Grenzfläche bei $y = 0$, ohne Mittelung über die Materialgrenzen, direkt vom nächstgelegenen Gaußpunkt extrapoliert.

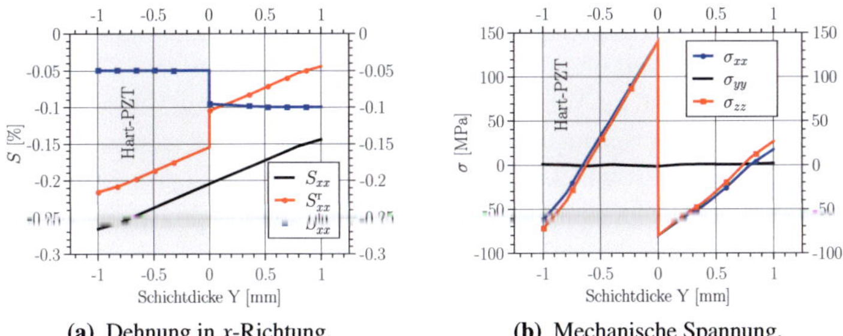


(a) Dehnung in $x$-Richtung.  (b) Mechanische Spannung.

**Abb. 5.8:** Verlauf der Dehnung und der mechanischen Spannung über der Schichtdicke zum Zeitpunkt t=1 s, d.h. bei maximalem elektrischen Feld.

Die geringere Sättigungsdehnung der Hart-PZT-Keramik, vergl. Abb. 5.4b, führt dort im vollständig gepolten Zustand zu einer geringeren remanenten Dehnung $S^{ip}$ in $x$-Richtung als in der Weich-PZT-Keramik. Somit führt die unterschiedliche remanente Dehnung, für sich allein betrachtet, zu einer Biegung in die positive $y$-Richtung und würde eine im Vergleich zu Abb. 5.8a entgegengesetzte Biegung hervorrufen. Das elektrische Feld verursacht eine reversible Dehnung $S^r$ auf die andere Seite, die maßgeblich durch die piezoelektrischen Koeffizienten der Materialien beeinflusst wird. Diese Koeffizienten wurden für die Weich- und die Hart-PZT-Keramik gleich gewählt, siehe Tab. 5.1. Die Ursache für die unterschiedliche reversible Dehnung in beiden Schichten sind die unterschiedlichen inneren elektrischen Felder. In der Hart-PZT-Keramik ist das elektrische Feld um den Faktor fünf größer. Die Summe aus beiden Dehnungskomponenten ergibt die Gesamtdehnung, die zu der in Abb. 5.7 dargestellten Verformung führt.

Da zum Zeitpunkt t=1E +5 s kein äußeres elektrisches Feld mehr anliegt, verschwindet nach der Haltezeit der reversible Dehnungsanteil. Des Weiteren halbiert sich nahezu der Betrag der remanenten Polarisation in der Weich-PZT-Keramik im Vergleich zur Sättigungspolarisation und damit auch die remanente Dehnungskomponente $S^{ip}$. Deshalb ist der Biegeaktor nach dem Polungsprozess nahezu nicht verformt, siehe Abb. 5.7.

Aus den Dehnungen ergeben sich mechanische Spannungen, deren Verläufe über der Schichtdicke für den Zeitpunkt t=1 s in Abb. 5.8b aufgetragen sind. Diese Verläufe zeigen die für Schichtstrukturen charakteristischen Vorzeichenwechsel. Die Hart-PZT-Keramik ist im unteren Bereich unter Druck und an der Grenzfläche zur Weich-PZT-Keramik unter Zug belastet. Die Weich-PZT-Keramik weist dementsprechend im unteren Bereich eine Druck- und im oberen Bereich eine Zugbelastung auf. In der Summe steht die Hart-PZT-Keramik unter einer Zug- und die Weich-PZT-Keramik unter einer Druckbeanspruchung. Die mechanischen Spannungen sind in $x$- und $z$-Richtung nahezu identisch, da die durch das innere elektrische Feld hervorgerufenen Dehnungen in beide Richtungen fast gleich groß sind. Ein Konturplot der mechanischen Spannung in

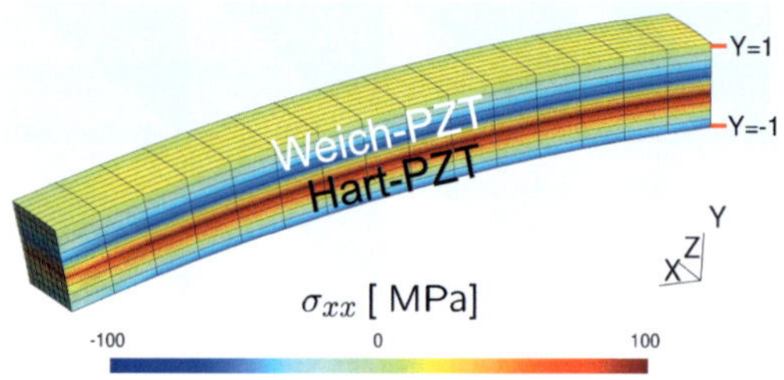


**Abb. 5.9:** Mechanische Spannung in $x$-Richtung zum Zeitpunkt t=1 s, d.h. bei maximalem elektrischen Feld.

$x$-Richtung ist in Abb. 5.9 dargestellt. Im Bereich der Grenzfläche wirken in der Hart-PZT-Keramik Zugspannungen von 140 MPa, siehe Abb. 5.8b, und in der Weich-PZT-Keramik Druckspannungen von $-80$ MPa, was zu einem Versagen des Aktors während des Polungsprozesses führen könnte.

## 5.2 Piezokeramischer Hohlzylinder

Simulationen eines piezokeramischen Hohlzylinders in [61, 64, 114] zeigen einen nach dem Polungsprozess resultierenden Verlauf des elektrisches Potentials. Daraus resultieren innere elektrische Felder mit unterschiedlichen Vorzeichen. Auf Grund der elektromechanischen Kopplung führt dies zu einer Verformung des Hohlzylinders. In diesem Kapitel soll der Einfluss der elektrischen Leitfähigkeit unter diesen komplexen elektromechanischen Belastungen untersucht werden. Der analysierte Hohlzylinder hat eine Länge von 20 mm, einen inneren Radius von 10 mm und eine Dicke von 3 mm. Hinter dieser Geometrie steht keine konkrete Anwendung, vielmehr geht es darum, die Mechanismen

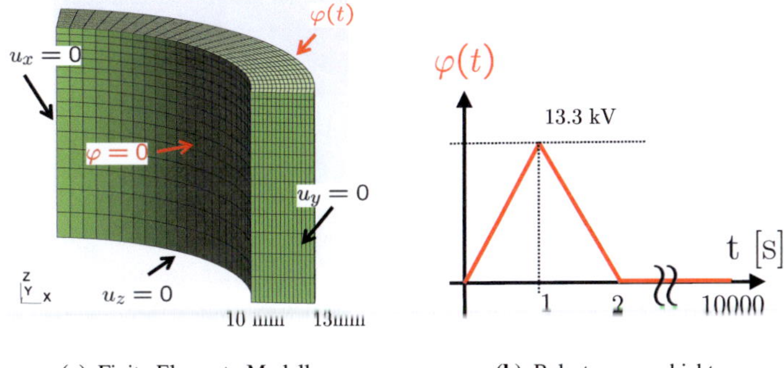



(a) Finite-Elemente-Modell.      (b) Belastungsgeschichte.

**Abb. 5.10:** Finite-Elemente-Modell des piezokeramischen Hohlzylinders und seine äußere Belastung.

darzustellen, die zu Verformungen und mechanischen Spannungen führen. Die Materialparameter zur Simulation der Piezokeramik sind in Tab. 5.2 angegeben und geben das Verhalten einer Weich-PZT-Keramik wieder. Die Symmetrie des Hohlzylinders erlaubt die Reduktion des Modells auf ein Achtelmodell, siehe Abb. 5.10a. An den jeweiligen Schnittflächen werden die entsprechenden Symmetrierandbedingungen für die Verschiebungsfreiheitsgrade gesetzt, siehe Abb. 5.10a. Auf der inneren Mantelfläche ist das elektrische Potential null. Auf

| | | | |
|---|---|---|---|
| $P^{\text{sat}}$ | 0.29 kN/MVmm | $h$ | 0.02 kN/mm$^2$ |
| $S^{\text{sat}}$ | 0.002 | $\nu$ | 0.37 |
| $c^{\text{m}}$ | 20 kN/mm$^2$ | $Y$ | 60 kN/mm$^2$ |
| $c^{\text{d}}$ | 1.02 | $d_{\parallel}$ | 0.45 mm/MV |
| $E^{\text{c}}$ | 1.0 MV/mm | $d_{\perp}$ | −0.21 mm/MV |
| $\sigma^{\text{c}}$ | 40E −3 kN/mm$^2$ | $d_{=}$ | 0.29 mm/MV |
| $\kappa$ | 20 kN/MV$^2$ | $\Omega$ | 1E −2 n($\Omega$mm)$^{-1}$ |

**Tab. 5.2:** Materialparameter für die Simulation des Hohlzylinders (Weich-PZT-Keramik).

die äußere Mantelfläche wird ein elektrisches Potential entsprechend der in Abb. 5.10b dargestellten Dreiecksfunktion aufgebracht. Das elektrische Feld zeigt in radiale Richtung. Das maximale elektrische Potential von 13.3 kV ist so groß gewählt, dass der Hohlzylinder vollständig gepolt wird. Das Volumen wird in jeweils 15 Elemente entlang der Länge und der Wandstärke des Hohlzylinders bzw. 25 für den Umfang unterteilt. Abzüglich der Randbedingungen besitzt das Modell 44832 Freiheitsgrade. Die Deformationen und die mechanischen Spannungen lassen sich in diesem Modell im Wesentlichen durch die Verläufe des elektrischen Potentials über die Wandstärke erklären. Die Verteilung des elektrischen Potentials und des elektrischen Feldes sind für unterschiedliche Belastungsschritte in Abb. 5.11a über der Wandstärke aufgetragen. Der Verlauf des elektrischen Potentials für t=1 s entspricht einem logarithmischen Verlauf. Dieser Zusammenhang kann z.B. aus der Lösung der Laplace-Gleichung [61] für ein nicht gekoppeltes rotationssymmetrisches Problem hergeleitet werden. Aus dem logarithmischen Verlauf des elektrischen Potentials resultiert als des-

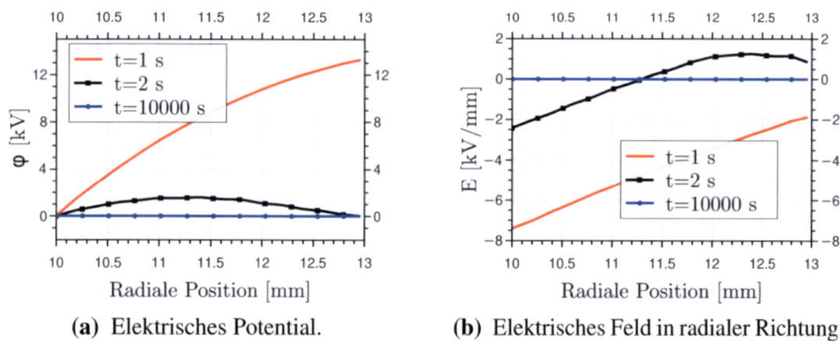

(a) Elektrisches Potential.        (b) Elektrisches Feld in radialer Richtung.

**Abb. 5.11:** Verlauf des elektrischen Potentials und des elektrischen Feldes in radialer Richtung über der Wandstärke.

sen Ableitung eine inhomogene Verteilung des elektrischen Feldes. So ist das elektrische Feld auf der Innenseite des Hohlzylinders zum Zeitpunkt t=1 s mit $-7.4$ kV/mm wesentlich stärker als auf der Außenseite mit $-1.8$ kV/mm. Das Überschreiten der Koerzitivfeldstärke bzgl. des gesamten Volumens ist nur für ein großes äußeres elektrisches Potential gewährleistet. Die Potentialdifferenz muss erheblich größer sein als bei einer gleich dicken, ebenen Platte. Nach dem Entlasten, d.h. zum Zeitpunkt t=2 s, verbleibt ein elektrisches Potential im Material, siehe Abb. 5.11a. Das Maximum bei 11.25 mm ist von der Mitte aus etwas zur Innenseite verschoben. Das elektrische Feld hat somit auf der Innenseite eine negative Richtung und ist vom Betrag größer als auf der Außenseite, siehe Abb. 5.11b. Das elektrische Feld auf der Außenseite zeigt dagegen in positive Richtung. Nach einer Haltephase, während der es zum Ladungstransport kommt, baut sich das elektrische Potential ab und das innere elektrische Feld verschwindet, siehe t=10000 s in Abb. 5.11. Abbildung 5.12 zeigt den zeitlichen Verlauf des elektrischen Feldes auf der Außenfläche am Punkt $x = 13$ mm, $y = 0$ mm,

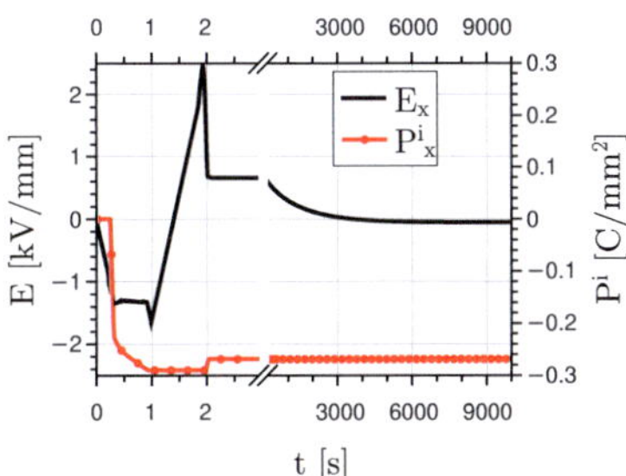


**Abb. 5.12:** Verlauf des elektrischen Feldes über der Zeit am Punkt $x = 13$ mm, $y = 0$ mm, $z = 0$ mm.

$z = 0$ mm. Das elektrische Feld sinkt nach dem Entlasten, d.h. nach dem Zeitpunkt t=2 s, exponentiell. Die remanente Polarisation in radialer Richtung ist in Abb. 5.13 für drei verschiedene Belastungsschritte dargestellt. Zum Zeitpunkt t=1 s entspricht die remanente Polarisation im gesamten Hohlzylinder der Sättigungspolarisation −0.29 kN/MVmm. Das elektrische Feld ist zum Zeitpunkt t=2 s auf der Außenseite entgegen der remanenten Polarisation orientiert, siehe Abb. 5.11b. Dies führt zu einer elektrischen Depolarisation. Auf Grund der kinematischen Verfestigung, entsprechend dem Fließkriterium in Gl. (4.14), ist eine elektrische Depolarisation auch unterhalb der Koerzitivfeldstärke möglich. Die überlagerte axiale Druckspannung, siehe Abb. 5.15, im äußeren Bereich des Hohlzylinders stabilisiert die remanente Polarisation. Deshalb findet ein Umklappen erst oberhalb der Koerzitivfeldstärke statt, siehe gestrichelte Hilfslinie in Abb. 5.12. Die remanente Polarisation nimmt im äußeren Bereich um 7% ab. Auf Grund der Geometrie und der Materialparameter ist es somit nicht möglich, einen homogenen Polungszustand im Hohlzylinder zu erreichen. Durch die Haltezeit verändert sich die remanente Polarisation noch geringfügig. Das elektrische Feld sowie die Ausrichtung der remanenten Polarisation verursachen Dehnungen. Diese sind inhomogen, woraus mechanische Spannungen bzw. eine Deformation des Hohlzylinders resultieren. Die Verformung des Hohlzylinders ist, skaliert mit dem Faktor 100, in Abb. 5.14 dargestellt. Die Verschiebung in axialer Richtung ist im oberen und im inneren Bereich betragsmäßig größer. Deswegen kommt es zum Einstülpen des Hohlzylinders. Die Spannungen in axialer Richtung sind in Abb. 5.15a für die jeweiligen Zeitpunkte als Konturplot dargestellt. Zum Zeitpunkt t=1 s zeigt die reversible Dehnung auf Grund des piezoelektrischen Effekts in die negative $z$-Richtung. Das elektrische Feld ist auf der Innenseite des Hohlzylinders um den Faktor 4.1 größer und damit auch die reversible Dehnung. Der inhomogene Verlauf der reversiblen Dehnung führt

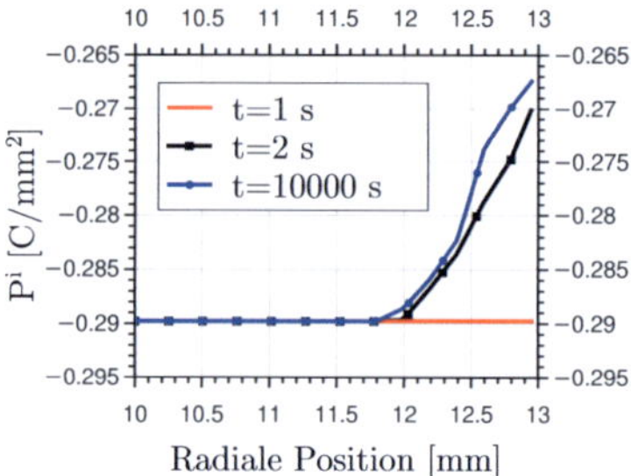


**Abb. 5.13:** Verlauf der remanenten Polarisation in radialer Richtung über der Wandstärke.

somit zu negativen Axialspannungen im äußeren und zu positiven Axialspannungen im inneren Bereich des Hohlzylinders. Die inhomogene Verteilung der

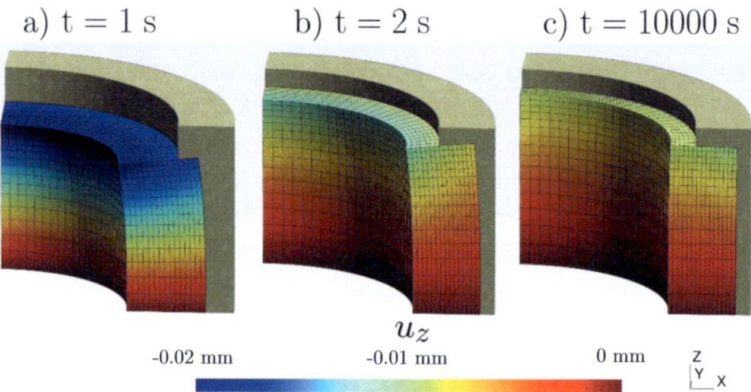


**Abb. 5.14:** Deformation des Hohlzylinders skaliert mit dem Faktor 100 im Vergleich zum Ausgangszustand: a) bei maximaler elektrischen Belastung, b) nach Entlastung, c) nach der Haltephase.

remanenten Polarisation zum Zeitpunkt t=2 s führt zu unterschiedlichen remanenten Dehnungen $S^{ip}$. Im Inneren ist die negative axiale Dehnung größer als außen. Dieser ferroelektrischen Dehnung ist die reversible Dehnung überlagert. Auf Grund des Vorzeichenunterschiedes des elektrischen Feldes ist die reversible Dehnung in axialer Richtung innen negativ und außen positiv. Zusammen führen sie zu der Verformung und den mechanischen Spannungen nach der Entlastung, siehe Abb. 5.14 bzw. Abb. 5.15a. Auf Grund des Abbaus des elektrischen Feldes durch den Ladungstransport reduziert sich die reversible Dehnung und der Hohlzylinder richtet sich wieder auf. Die Axialspannungen werden im Laufe der Haltephase weitestgehend abgebaut und die Umfangsspannungen nehmen zu, vergl. Abb. 5.15 für t=10000 s. Es verbleiben Zugspannungen im äußeren Bereich, die hier zu Rissen in axialer Richtung führen können. Während der Haltephase verändert sich die Richtung der Umfangsspannung.

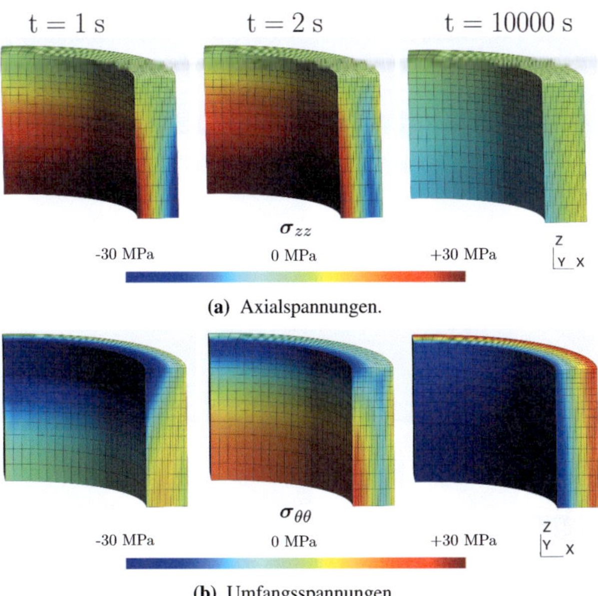


(a) Axialspannungen.

(b) Umfangsspannungen.

**Abb. 5.15:** Umfangs- und Axialspannungen im Hohlzylinder: a) bei maximaler elektrischer Belastung, b) nach der Entlastung, c) nach der Haltephase.

Zum Zeitpunkt t=1 s liegen Zug-Umfangsspannungen im inneren Bereich des Hohlzylinders und Druck-Umfangsspannungen im äußeren Bereich vor. Nach der Haltephase und dem Abbau des lokalen elektrischen Feldes zum Zeitpunkt t=10000 s sind die Orientierungen der Umfangsspannungen vertauscht und Außen liegen Zug-Umfangsspannungen vor. Die Umfangsspannungen im äußeren Bereich sind senkrecht zur Richtung der Polarisation orientiert und führen zu einer mechanischen Depolarisation. Deswegen ändert sich der Verlauf der remanenten Polarisation über der Wandstärke in der Haltephase noch einmal geringfügig, siehe Abb. 5.13.

## 5.3 Stapelaktor

Die geringen Dehnungen bei Ferroelektrika und die hierfür notwendigen hohen elektrischen Felder führen zu der Idee, mehrere Materialschichten parallel anzusteuern. Sind die Schichten dünn, so reicht eine geringe Potentialdifferenz zwischen den Elektroden aus, um hohe elektrische Felder zu erzeugen. Diese Überlegungen führen zum Aufbau von Vielschichtaktoren bzw. Stapelaktoren. Die schematische Darstellung in Abb. 5.16 zeigt die Geometrie eines Stapelaktors. Ziel der hier gezeigten Simulation ist die Untersuchung der elektrischen

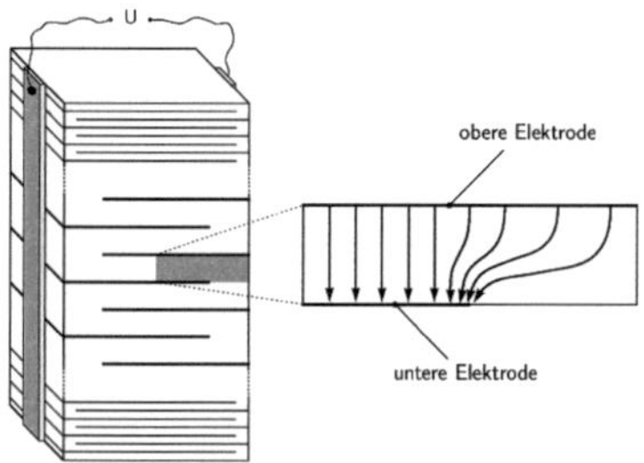


**Abb. 5.16:** Schematischer Aufbau eines Stapelaktors, nach [10]. Der vergrößerte Ausschnitt zeigt den im Finite-Elemente-Modell untersuchten Bereich.

und mechanischen Felder im Inneren des Stapelaktors und an der Elektrodenspitze. An der Elektrodenspitze ergibt sich auf Grund der inhomogenen Feldlinienverteilung eine Feldüberhöhung, siehe Abb. 5.16. Nach dem Polungsvorgang verbleibt im Bereich der Elektrodenspitze ein elektrisches Feld. Dieses elektrische Feld verändert sich durch die elektrische Leitfähigkeit, ebenso wie auf Grund der elektromechanischen Kopplung die mechanische Spannung und die Dehnung.
Es werden zwei Finite-Elemente-Modelle untersucht. Im ersten Modell wird die Elektrode als eine Äquipotentialfläche ohne mechanische Eigenschaften betrachtet. Deshalb wird dort nur ein äußeres elektrisches Potential vorgegeben und die Elektrode als eigenes Material vernachlässigt. Dieser Fall wird im Folgenden als Modell „ohne Elektrode" bezeichnet. In einem zweiten Modell

ist die Elektrode ein linear-elastisches Material. Hierdurch kann der Einfluss eines Klemmeffektes durch die Elektrode untersucht werden. Die untersuchte Geometrie und der Verlauf des elektrischen Potentials sind in Abb. 5.17 dargestellt. Die in Abb. 5.17 gezeigten Abmessungen stimmen nicht mit den üblichen Maßen für einen Stapelaktor überein. Jedoch ist in dem Materialmodell kein Größeneffekt vorhanden und die Abmessungen können auf realistischere Maße skaliert werden, wie z.B. auf eine Elektrodendicke von 6 µm, eine Schichtdicke von 75 µm und eine Gesamtbreite von 0.4 cm. Wird zusätzlich die äußere Belastung skaliert, stimmen die hier gezeigten Ergebnisse auch für geometrisch ähnliche Abmessungen. Die Randbedingungen der Verschiebungen, $u_z(z = 7.5$ mm$)$ = konstant und $u_y(y = 0.3$ mm$)$ = konstant, sind so gewählt, dass ein ebener Verzerrungszustand in der Mitte des Stapelaktors simuliert wird. Die Verschiebungen auf der oberen Elektrode in $z$-Richtung und in Richtung der Tiefe, d.h. in $y$-Richtung, besitzen denselben Wert. Des Weiteren wird die horizontale $x$-Verschiebung auf der linken Schnittfläche und die vertikale $z$-Verschiebung auf der Unterseite zu null gesetzt. Im Modell ohne Elektrode werden die Randbedingungen für die $z$-Verschiebungen auf die in Abb. 5.17 dargestellten Grenzflächen zwischen der Elektrode und der PZT-Keramik definiert. Das elektrische Potential wird entsprechend der in Abb. 5.17 dargestellten Rampenfunktion auf die obere Elektrode aufgebracht und auf der unteren Elektrode zu null gesetzt. Die Materialparameter entsprechen denen

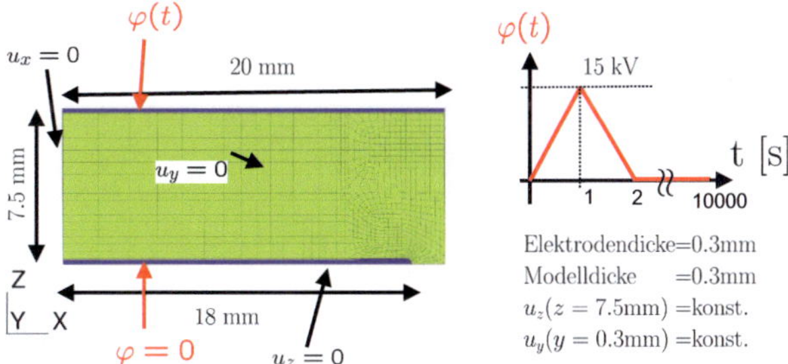


**Abb. 5.17:** Finite-Elemente-Modell mit elektrischen und mechanischen Randbedingungen sowie der Verlauf des elektrischen Potentials auf der oberen Elektrode.

in der Simulation des Hohlzylinders, vergl. Tab. 5.2. Für das Elektrodenmaterial wird ein Elastizitätsmodul Y=103 kN/mm$^2$ und für die Querkontraktion $\nu$=0.35 angenommen. Zum Zeitpunkt t=0.6 s ist das elektrische Feld im linken

Bereich des Modells bei $x = 0$ mit $E_z^{hom} = 1.2\,kV/mm$ knapp oberhalb der Koerzitivfeldstärke. Vergleicht man die remanente Polarisation zum Zeitpunkt t=0.6 s für die beiden betrachteten Modelle, siehe Abb. 5.18a, so unterscheiden sich diese auf Grund ihrer unterschiedlichen Steifigkeit. Ein Ausrichtung der Domänen in $z$-Richtung verursacht eine negative Dehnung in $x$-Richtung. Daraus resultieren mechanische Spannungen, die ein Umklappen der Domänen

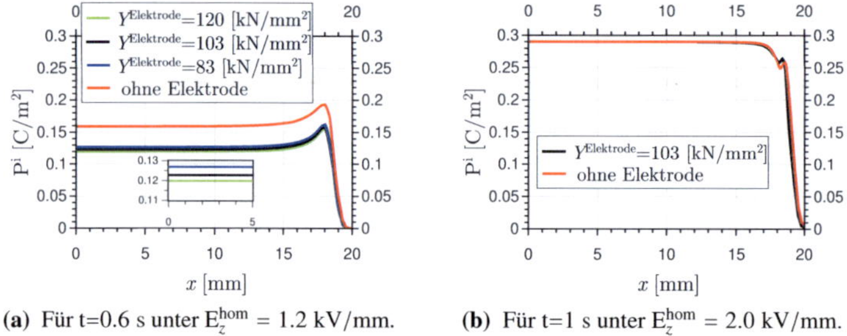


**(a)** Für t=0.6 s unter $E_z^{hom} = 1.2\,kV/mm$.        **(b)** Für t=1 s unter $E_z^{hom} = 2.0\,kV/mm$.

**Abb. 5.18:** Verlauf der remanenten Polarisation entlang der Linie $y = 0.7$ mm, $z = 0.15$ mm.

behindern. Die Spannungen sind wegen der größeren Steifigkeit in $x$-Richtung im Modell mit einer Elektrode größer. Im aktiven, homogenen Bereich, d.h. im Bereich von 0 mm $\leq x \leq$ 16 mm, ist die remanente Polarisation im Modell ohne Elektrodenmaterial deshalb um 23 % größer. Die zusätzlich gezeigten Simulationsergebnisse mit einem Elastizitätsmodul von Y=83 kN/mm² und Y=120 kN/mm² zeigen zum Zeitpunkt t=0.6 s nur einen geringen Einfluss auf die Entwicklung der remanenten Polarisation. Ein größeres Elastizitätsmodul des Elektrodenmaterials führt zu einer geringeren remanenten Polarisation. Der Verlauf der Polarisation im passiven Bereich, d.h. $x \geq$ 16 mm, wird von den mechanischen Eigenschaften des Elektrodenmaterials dagegen nur geringfügig beeinflusst, siehe Abb. 5.18a. Bei maximalem elektrischen Feld, d.h. zum Zeitpunkt t=1 s, ist es in beiden Modellen möglich, im aktiven Bereich die Sättigungspolarisation 0.29 C/m² einzustellen, siehe Abb. 5.18b.
Nachfolgende Simulationsergebnisse beziehen sich auf das Modell mit Elektrode, deren Elastizitätsmodul Y=103 kN/mm² beträgt. Die Verläufe des elektrischen Feldes in $z$-Richtung sind für die Zeitpunkte der maximalen Belastung t=1 s, nach dem Entlasten t=2 s und nach einer Haltezeit t=1E +4 s in Abb. 5.19 dargestellt. Für die Zeitpunkte t=2 s und t=1E +4 s wird in Abb. 5.19 nur die rechte Seite des Modells gezeigt. Es können drei Bereiche unterschieden werden.

Im Bereich ohne untere Elektrode, d.h. auf der rechten Seite, ist das elektrische
Feld beinahe null. Deswegen wird dieser Bereich als passiv bezeichnet. An der
Elektrodenspitze ist das elektrische Feld inhomogen und erreicht den Maximal-
wert von 14 kV/mm. Im Vergleich zur linken Seite ist das elektrische Feld an
der Elektrodenspitze um den Faktor sieben höher. Der Einfluss der Inhomogeni-

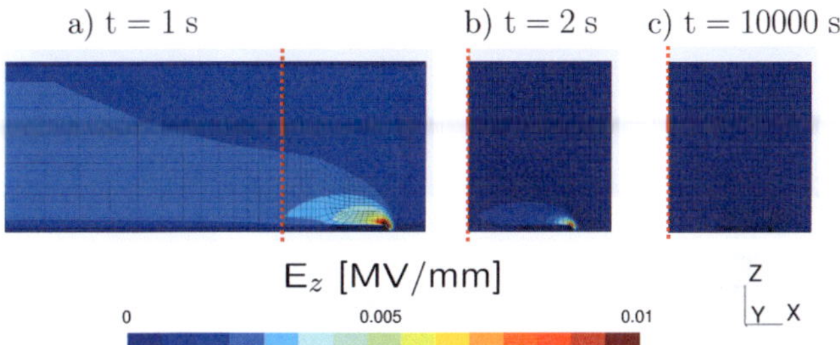


**Abb. 5.19:** Konturplot des elektrischen Feldes in $z$-Richtung: a) bei maximaler
elektrischer Belastung, b) nach der Entlastung, c) nach der Haltephase.

tät reicht weit in den aktiven Bereich hinein, d.h. dorthin wo auch die untere
Elektrode sitzt. Erst im hinteren Bereich ist das elektrische Feld homogen und
kann entsprechend $E_z^{hom} = \Delta\varphi/7.2$ mm berechnet werden. Nach dem Entlasten
verbleibt auf Grund der Divergenz der remanenten Polarisation ein elektrisches
Feld im Bereich der Elektrodenspitze. Der Transport von elektrischen Ladungen
führt zum zeitabhängigen Abbau des elektrischen Feldes. So ist nach einer
Haltezeit von t=1E +4 s kein elektrisches Feld mehr im Aktor vorhanden.
 Der Konturplot der remanenten Polarisation ist in Abb. 5.20 dargestellt. Von
der verwendeten Software wird bei der Interpolation von Größen über eine
Materialgrenze hinweg an den Übergängen von unterer und oberer Elektro-
de zur PZT-Keramik die remanente Polarisation nicht korrekt dargestellt. In
$z$-Richtung ist die remanente Polarisation im aktiven Bereich homogen. An
der Elektrodenspitze verändert sich die Richtung der remanenten Polarisation
zugunsten der Komponente in $x$-Richtung. Das Verschwinden des elektrischen
Feldes durch den Transport von elektrischen Ladungen hat nur einen geringen
Einfluss auf die remanente Polarisation. Dies zeigt der Vergleich der Konturplots
in Abb. 5.20 für t=2 s und t=1E +4 s. So ist die Komponente in $x$-Richtung für
t=1E +4 s im Bereich der Elektrodenspitze nur geringfügig niedriger.
 Auf Grund der elektromechanischen Kopplung infolge des piezoelektrischen
Effekts führt das elektrische Feld zu einer reversiblen Dehnung. Dieser Deh-

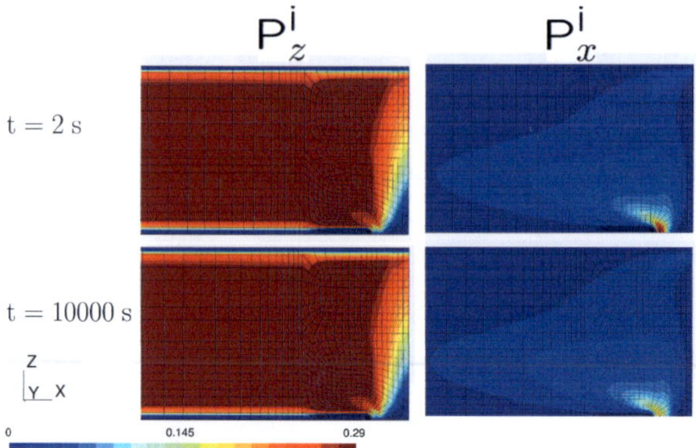



**Abb. 5.20:** Konturplot der remanenten Polarisation in $x$- und $z$-Richtung nach der Entlastung bei t=2 s bzw. nach der Haltezeit bei t=1E +4 s.

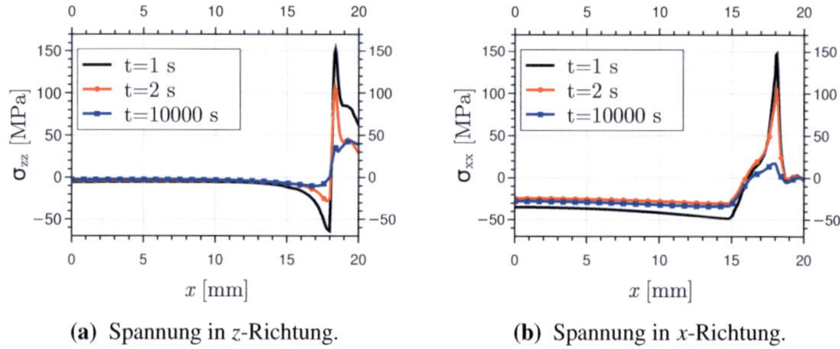



**(a)** Spannung in $z$-Richtung.          **(b)** Spannung in $x$-Richtung.

**Abb. 5.21:** Verlauf der mechanischen Spannung in $x$- und $z$-Richtung entlang der Linie $y$ =0.4 mm, $z$ =0.15 mm.

nungskomponente ist die remanente Dehnung auf Grund der Ausrichtung der Domänen überlagert. Zusammen führen beide Dehnungskomponenten wegen der gewählten Randbedingungen zu mechanischen Spannungen. Diese sind in $z$- und $x$-Richtung für die drei ausgewiesenen Belastungszustände in Abb. 5.21 zusammengefasst. Zunächst wird dabei auf die Spannungen in $z$-Richtung eingegangen. Unter der maximalen Belastung durch das elektrische Potential, d.h. für den Zeitpunkt t=1 s, ergibt sich an der Oberfläche im passiven Bereich, d.h. bei $x$ =20 mm, eine Zugspannung von 80 MPa. Diese Zugspannung nimmt in Richtung der Elektrodenspitze zu und erreicht dort ihr Maximum von 155 MPa. Hinter der Elektrodenspitze, in der aktiven Zone, liegen Druckspannungen vor. Nach dem Polungsvorgang bei t=2 s verbleiben Eigenspannungen im Bauteil. Dabei führt der Ladungstransport zu einem Abbau der Eigenspannungen an der

Elektrodenspitze. Nach der Haltephase bei t=1E +4 s sind im passiven Bereich Zugspannungen von ca. 25 MPa vorhanden. Den Eigenspannungen überlagert sind die zyklischen Belastungen im Betrieb, die beide die Zuverlässigkeit eines Stapelaktors beeinflussen.

Die Spannungen in $x$- und $z$-Richtung liegen an der Elektrodenspitze in der-

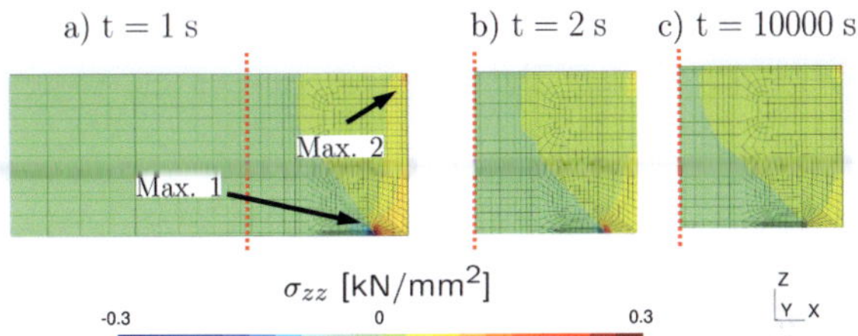


**Abb. 5.22:** Konturplot der mechanischen Spannung in $z$-Richtung: a) bei maximaler elektrischer Belastung, b) nach der Entlastung, c) nach der Haltephase.

selben Größenordnung. Dies kann dazu führen, dass Risse ihre Fortschrittsrichtung ändern und zur gegenüberliegenden Elektrode verlaufen. So kann ein Kurzschluss zwischen den Elektroden entstehen, der zum Versagen des Stapelaktors führt.Der Konturplot der mechanischen Spannungen in $z$-Richtung ist in Abb. 5.22 dargestellt. Dabei sind zwei Zugspannungsmaxima zu erkennen: eines an der Elektrodenspitze und ein weiteres an der Oberfläche der oberen Elektrode. Die maximalen Zugspannungen an diesen zwei Stellen sind für die drei ausgewiesenen Belastungszustände in Tab. 5.3 zusammengefasst. Das Zug-

|                                      | a) t=1 s  | b) t=2 s  | c) t=10000 s |
| ------------------------------------ | --------- | --------- | ------------ |
| Max. 1 (an der Elektrodenspitze)     | 350 MPa   | 239 MPa   | 50 MPa       |
| Max. 2 (an der oberen Elektrode)     | 158 MPa   | 105 MPa   | 103 MPa      |

**Tab. 5.3:** Maximale Zugspannungen im Stapelaktor.

spannungsmaximum an der oberen Elektrode baut sich auch nach der Haltezeit nicht ab und übertrifft zum Zeitpunkt t=1E +4 s das Spannungsmaximum an der Elektrodenspitze. Deswegen können Risse an der oberen Elektrode auch nach dem Polen initiiert werden. Die Gefahr von Rissen in Stapelaktoren ist bekannt und die Hersteller versuchen durch eine geeignete Vorspannung oder durch ein neues Elektroden-Design [77] diese zu vermeiden. Wenn Risse nicht vermeidbar sind, wird versucht diese so zu lenken, dass sie keinen Kurzschluss zwischen den Elektroden herbeiführen [19, 77].

# 6 Zusammenfassung

Gegenstand dieser Arbeit ist der Aufbau eines Simulationswerkzeugs, das die Untersuchung des nichtlinearen Materialverhaltens von Ferroelektrika ermöglicht. Das neu entwickelte und in die Finite-Elemente-Methode implementierte Materialmodell ermöglicht die Berechnung von Feldgrößen, wie z.B. der mechanischen Spannungen, des elektrischen Feldes und der Polarisation in ferroelektrischen Bauteilen. Diese Feldgrößen sind für die Bewertung der Funktion, der Zuverlässigkeit und für die Optimierung von Bauteilen entscheidend. Selbst für einfache Geometrien ist das gekoppelte elektromechanische Verhalten ohne Simulation schwer nachvollziehbar. Durch den direkten Zugriff innerhalb der Simulation auf alle Feldgrößen kann ein vollständiges Verständnis für das Bauteilverhalten aufgebaut werden.

Das nichtlineare Verhalten von Ferroelektrika wird anhand des Verhaltens einer tetragonalen Einheitszelle dargestellt. Diese vereinfachte, aber anschauliche Darstellungsweise hilft, die makroskopisch messbaren Hysteresen nachzuvollziehen. Im Wesentlichen können hier drei Verhaltensbereiche identifiziert werden: das rein entkoppelte lineare dielektrische Verhalten, ein Bereich in dem das Verhalten durch das Umklappen von Domänen dominiert wird und ein Bereich der Sättigung mit einem gekoppelten piezoelektrischen Materialverhalten.

Für die Wiedergabe des Materialverhaltens von Ferroelektrika wird das von Belov und Kreher entwickelte Modell untersucht, das auf einem mikromechanischen Denkansatz beruht. Die hier zum Lösen auch makroskopischer Probleme gewählte Homogenisierungsmethode zeigt eine unerwünschte Abhängigkeit von der Belastungsrichtung. Deswegen wurde ein neues dreidimensionales, phänomenologisches Materialmodell entwickelt, welches das Verhalten eines polykristallinen Ferroelektrikums auf einer makroskopischen Größenskala wiedergibt. Mit Hilfe von vier gekoppelten Fließfunktionen können sowohl die dielektrische Hysterese, die Schmetterlingshysterese und die ferroelastische Hysterese als auch das gekoppelte elektromechanische Verhalten dargestellt werden.

Das Materialmodell definiert ein System aus neun gekoppelten Differentialgleichungen, deren Lösungsalgorithmus für die Finite-Elemente-Implementierung möglichst effizient und stabil sein muss. Diese Problematik wurde bei der Entwicklung des Materialmodells berücksichtigt. So wurde ein speziell auf das Differentialgleichungssystem angepasster Return-Mapping-Lösungsalgorithmus erarbeitet. Der Algorithmus erlaubt die Berechnung einer analytischen Lösung und die Ableitung nach den unabhängigen Variablen. Diese Ableitungen entsprechen den konsistenten Tangenten und sind entscheidend für das Konvergenzverhalten der globalen Newton-Iteration zur Lösung des elektromechanischen Gleichgewichtes. Die schwache Form des Gleichgewichtes wurde in einer hybriden Form in das Finite-Element implementiert. Im Vergleich zur Standardformulierung stabilisiert die hybride Form das Newton-Verfahren, das zum Lösen des Gleichgewichts verwendet wird.

Ein wesentlicher neuer physikalischer Aspekt dieser Arbeit ist die Berücksichtigung der elektrischen Leitfähigkeit von Ferroelektrika bei Polungsvorgängen zusätzlich zum elektromechanischen Gleichgewicht. So kann der Einfluss von Ladungstransportphänomenen auf das Bauteilverhalten untersucht werden. Dazu werden drei anwendungsrelevante Simulationen betrachtet: der Biegeaktor, der Hohlzylinder und der Stapelaktor. Die Berücksichtigung der elektrischen Leitfähigkeit ist für die Simulation des Polungsverhaltens von Komposit-Strukturen wichtig. Beispielsweise können neuartige Polungsprozesse in einer Schichtstruktur aus Hart- und Weich-PZT-Keramik simuliert werden, um eine für die Biege-Anwendung optimale Ausrichtung der Polarisation herzustellen. Die Simulationen des Polungsprozesses für einen Hohlzylinder und einen Stapelaktor zeigen ein nicht verschwindendes elektrisches Feld nach dem Polen. Der Ladungstransport führt zu einer zeitabhängigen Reduktion des elektrischen Feldes und beeinflusst wiederum die Dehnung, die mechanische Spannung und die Polarisation im Bauteil. Für die Gewährleistung der hohen Präzision in der Verformung von piezoelektrischen Aktoren und Sensoren ist eine genaue Kenntnis über die zeitabhängigen Prozesse entscheidend. In dieser Arbeit wird gezeigt, dass hierbei der Einfluss der Leitfähigkeit nicht zu vernachlässigen ist.

# Anhang A

# Identifikation des Lagrange-Multiplikators

Hier soll die Vorgehensweise für die Bestimmung des Lagrange-Multiplikators ausführlich beschrieben werden. Die gezeigten Schritte stimmen weitestgehend mit denen in den Arbeiten von [27, 55, 69] überein. Der Gesamtenergie wird die Abhängigkeit zwischen elektrischem Feld und elektrischem Potential als zusätzliche Nebenbedingung hinzugefügt, so dass

$$G^{\mathrm{Hy}}\left(\vec{u}, \varphi, \vec{E}, \vec{\lambda}\right) \ := \ G + \int_V \vec{\lambda}\left(\vec{E} + \operatorname{grad}\varphi\right) dV \ . \tag{A.1}$$

Die Variation muss sowohl auf das elektrische Feld als auch auf das elektrische Potential angewendet werden, da diese als unabhängige Variablen aufgefasst werden, d.h.

$$\delta G^{\mathrm{Hy}}\left(\vec{u}, \delta\vec{u}, \varphi, \delta\varphi, \vec{E}, \delta\vec{E}, \vec{\lambda}, \delta\vec{\lambda}\right) \ := \ \delta G\left(\vec{u}, \delta\vec{u}, \varphi, \delta\varphi\right)$$
$$+ \int_V \delta\vec{\lambda} \cdot \left(\vec{E} + \operatorname{grad}\varphi\right) dV + \int_V \vec{\lambda}\cdot\delta\vec{E}\, dV + \int_V \vec{\lambda}\cdot\operatorname{grad}\delta\varphi\, dV \quad . \tag{A.2}$$

Durch das Anwenden des Gauß' schen Integralsatzes

$$\int_V \vec{\lambda}\cdot\operatorname{grad}\delta\varphi\, dV = \int_S \vec{\lambda}\cdot\vec{n}\delta\varphi\, dS - \int_V \operatorname{div}\vec{\lambda}\delta\varphi\, dV \tag{A.3}$$

auf Gl. (A.2) und durch das Einsetzen in die Standardformulierung in Gl. (3.10) ergibt sich,

$$\delta G^{\mathrm{Hy}} \ := \ \int_V \boldsymbol{\sigma}:\delta\boldsymbol{S}\, dV \ - \ \int_V \vec{f}^B\delta\vec{u}\, dV \ - \ \int_{S_f} \vec{f}^{S_F}\delta\vec{u}\, dS_f$$
$$- \int_V \vec{D}\cdot\delta\vec{E}\, dV \ + \ \int_V q^B\, \delta\varphi\, dV \ + \ \int_{S_q} q^{S_q}\, \delta\varphi\, dS_q$$
$$+ \int_V \delta\vec{\lambda}\cdot\left(\vec{E} + \operatorname{grad}\varphi\right) dV \ + \ \int_V \vec{\lambda}\cdot\delta\vec{E}\, dV$$
$$+ \int_S \left(\vec{\lambda}\cdot\vec{n}\right)\delta\varphi\, dS \ - \ \int_V \operatorname{div}\vec{\lambda}\delta\varphi\, dV \quad . \tag{A.4}$$

Durch Sortieren der Terme

$$
\begin{aligned}
\delta G^{\mathrm{Hy}} := \ &\int_V \boldsymbol{\sigma} : \delta \mathbf{S}\, dV \;-\; \int_V \vec{f}^B\, \delta\vec{u}\, dV \;-\; \int_{S_f} \vec{f}^{S_F} \delta\vec{u}\, dS_f \\
&+ \int_V \left(\vec{\lambda} - \vec{\mathbf{D}}\right) \delta\vec{\mathbf{E}}\, dV \;+\; \int_{S_q} \left(q^{S_q} + \vec{\lambda}\cdot\vec{n}\right) \delta\varphi\, dS_q \\
&+ \int_V \left(\vec{\mathbf{E}} + \operatorname{grad}\varphi\right) \delta\vec{\lambda}\, dV \;+\; \int_V \left(q^B - \operatorname{div}\vec{\lambda}\right) \delta\varphi\, dV
\end{aligned}
\tag{A.5}
$$

können die Bedingungen

$$
q^{S_q} + \vec{\lambda}\cdot\vec{n} = 0,
\tag{A.6}
$$

$$
\vec{\mathbf{D}} - \vec{\lambda} = \vec{0} \rightarrow \vec{\lambda} = \vec{\mathbf{D}},
\tag{A.7}
$$

$$
\operatorname{div}\vec{\lambda} = q^B
\tag{A.8}
$$

abgeleitet werden, die nur erfüllt sind, wenn der Lagrange-Multiplikator mit der dielektrischen Verschiebung übereinstimmt. Setzt man die Bedingungen $\vec{\lambda} = \vec{\mathbf{D}}$ in die Ausgangsgleichung in Gl. (A.2) ein, d.h.

$$
\begin{aligned}
\delta G^{\mathrm{Hy}} := \ &\int_V \boldsymbol{\sigma} : \delta \mathbf{S}\, dV \;-\; \int_V \vec{f}^B \delta\vec{u}\, dV \;-\; \int_{S_f} \vec{f}^{S_F} \delta\vec{u}\, dS_f \\
&- \cancel{\int_V \vec{\mathbf{D}}\cdot\delta\vec{\mathbf{E}}\, dV} \;+\; \int_V q^B\, \delta\varphi\, dV \;+\; \int_{S_q} q^{S_q}\, \delta\varphi\, dS_q \\
&+ \int_V \delta\vec{\mathbf{D}}\cdot\left(\vec{\mathbf{E}} + \operatorname{grad}\varphi\right) dV \;+\; \int_V \vec{\mathbf{D}}\cdot\operatorname{grad}\delta\varphi\, dV \;+\; \cancel{\int_V \vec{\mathbf{D}}\cdot\delta\vec{\mathbf{E}}\, dV},
\end{aligned}
\tag{A.9}
$$

so existiert keine Abhängigkeit vom virtuellen elektrischen Feld. In der hybriden Formulierung

$$
\begin{aligned}
\delta G^{\mathrm{Hy}} = \ &\int_V \boldsymbol{\sigma} : \delta \mathbf{S}\, dV \;-\; \int_V \vec{f}^B \delta\vec{u}\, dV \;-\; \int_{S_f} \vec{f}^{S_F} \delta\vec{u}\, dS_f \\
&+ \int_V \vec{\mathbf{D}}\cdot\operatorname{grad}\delta\varphi\, dV \;+\; \int_V q^B\, \delta\varphi\, dV \;+\; \int_{S_q} q^{S_q}\, \delta\varphi\, dS_q \\
&+ \int_V \delta\vec{\mathbf{D}}\cdot\left(\vec{\mathbf{E}} + \operatorname{grad}\varphi\right) dV
\end{aligned}
\tag{A.10}
$$

ist das elektrische Feld eine abhängige Größe, die durch eine geeignete konstitutive Gleichung berechnet werden muss.

# Anhang B

# Kondition der Materialmatrix

Für die in Kap. 3 vorgestellten Formulierungen des elektromechanischen Gleichgewichtes ergeben sich folgende piezoelektrischen Gleichungen:

$$
\begin{bmatrix} \sigma \\ \vec{D} \end{bmatrix} = \underbrace{\begin{bmatrix} \mathbb{C} & -\hat{e}^{T} \\ \hat{e} & \kappa \end{bmatrix}}_{\boldsymbol{M}^{e}} \begin{bmatrix} S \\ \vec{E} \end{bmatrix} \quad , \tag{B.1}
$$

$$
\begin{bmatrix} \sigma \\ \vec{E} \end{bmatrix} = \underbrace{\begin{bmatrix} \mathbb{C}^{D} & -\mathbb{h} \\ -\mathbb{h}^{T} & \beta \end{bmatrix}}_{\boldsymbol{M}^{h}} \begin{bmatrix} S \\ \vec{D} \end{bmatrix} \quad , \tag{B.2}
$$

$$
\begin{bmatrix} \sigma \\ \vec{J} \\ \vec{E} \end{bmatrix} = \underbrace{\begin{bmatrix} \mathbb{C}^{D} & 0 & -\mathbb{h} \\ 0 & -\boldsymbol{\Omega} & 0 \\ -\mathbb{h}^{T} & 0 & \beta \end{bmatrix}}_{\boldsymbol{M}^{leit}} \begin{bmatrix} S \\ \operatorname{grad}\varphi \\ \vec{D} \end{bmatrix} + \begin{bmatrix} 0 \\ \dot{\vec{D}} \\ 0 \end{bmatrix} \quad . \tag{B.3}
$$

Die Kondition der jeweiligen Materialmatrix $\boldsymbol{M}$ berechnet sich aus

$$
\text{Kondition} = \left\| \boldsymbol{M} \right\|_{2} \cdot \left\| \boldsymbol{M}^{-1} \right\|_{2} \quad . \tag{B.4}
$$

Darin ist $\left\| \boldsymbol{M} \right\|_{2}$ die sogenannte Spektralnorm die durch

$$
\left\| \boldsymbol{M} \right\|_{2} = \sqrt{\lambda^{\max}(\boldsymbol{M} \cdot \boldsymbol{M}^{T})} \tag{B.5}
$$

definiert ist und $\lambda^{\max}$ ist der betragsmäßig größte Eigenwert des Matrixprodukts $(\boldsymbol{M} \cdot \boldsymbol{M}^{T})$.

# Anhang C

# Patchtest

Bei einem isoparametrischen Verschiebungselement wird davon ausgegangen, dass konstante Spannungs- und Verzerrungszustände auch bei verzerrten Netzgeometrien korrekt wiedergeben werden können. Der Patchtest dient dazu, dies zu überprüfen und damit festzustellen, ob die Formfunktionen richtig implementiert wurden. Hierfür wird ein Würfel aus acht verzerrten Elementen aufgebaut. Das Netz ist in Abb. C.1 dargestellt und wurde aus [11] übernommen. Es werden

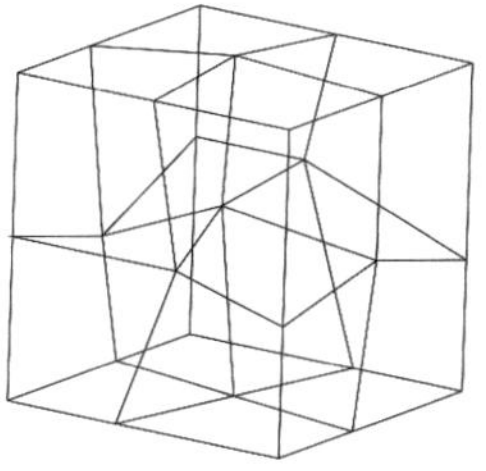

**Abb. C.1:** Verzerrtes Finite-Elemente-Gitter für den Patchtest.

eine homogene Verschiebungen und ein homogenes elektrisches Potential aufgebracht. Dann wird untersucht, ob die abgeleiteten Größen, d.h. das elektrische Feld und die mechanischen Spannungen, homogen sind. In einem weiteren Test wird eine mechanische Spannung durch Kräfte auf Knoten aufgebracht und es wird untersucht, ob daraus die richtigen Verschiebungen resultieren. Die Randbedingungen sind jeweils so gewählt, dass keine Zwangskräfte auftreten. Das Material wird als lineares Dielektrikum modelliert. Die Ergebnisse aus der Finite-Elemente-Simulation sind in Abb. C.2 dargestellt. Das elektrische Feld sowie die mechanische Spannung und die Verschiebung entsprechen den analytischen Lösungen. Die mechanische Spannung in Abb. C.2a und das elektrische Feld in Abb. C.2c sind homogen. Die Verschiebung auf Grund der mechanischen Spannung zeigt in Abb. C.2b einen linearen Verlauf. Somit wird davon ausgegangen, dass die Formfunktionen und deren Ableitung richtig implementiert wurden.

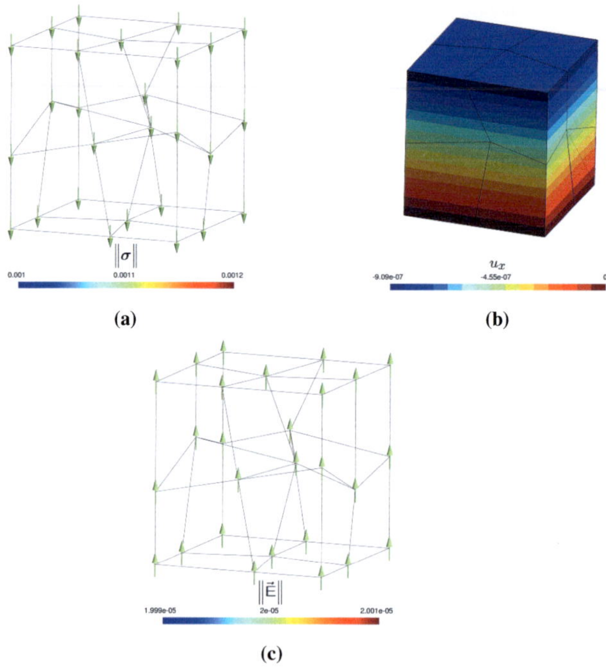



**Abb. C.2:** (a) Richtung und Betrag der Hauptnormalspannung auf Grund einer Verschiebung, (b) Verschiebung in x-Richtung auf Grund einer mechanischen Spannung, (c) Richtung und Betrag des elektrischen Feldes auf Grund eines elektrischen Potentials.

# Anhang D

# Grenzwerte für die Zeitschrittsteuerung

Die Steuerung der Zeitschrittweite wird mit Hilfe von frei definierbaren Regeln durchgeführt. Hier ein Vorschlag für mögliche Grenzwerte der in Kap. 3.2.3 vorgestellten Indikatoren $R^i$, $R^D$:

| | | Konvergenz erzielt in $N$-Iterationen | Konvergenz nicht erzielt in $N$-Iterationen |
|---|---|---|---|
| Wenn $8E-2 > R^i$, | dann $R = 3$ | Neustart mit $^n\Delta t = 0.85 \cdot {}^{n-1}\Delta t/3$ | |
| Wenn $6E-2 > R^i$, | dann $R = 1.35$ | $^{n+1}\Delta t = {}^n\Delta t/1.35$ | $^n\Delta t = 0.63 \cdot {}^{n-1}\Delta t$ |
| Wenn $2E-2 > R^i$, | dann $R = 1.25$ | $^{n+1}\Delta t = {}^n\Delta t$ | $^n\Delta t = {}^{n-1}\Delta t/3$ |
| Wenn $2E-2 < R^i$, | dann $R = 0.4$ | $^{n+1}\Delta t = 1.5 \cdot {}^n\Delta t$ | $^n\Delta t = {}^{n-1}\Delta t/3$ |
| Wenn $4E-2 > R^D$, | dann $R = 3$ | Neustart mit $^n\Delta t = 0.85 \cdot {}^{n-1}\Delta t/3$ | |
| Wenn $3E-2 > R^D$, | dann $R = 1.35$ | $^{n+1}\Delta t = {}^n\Delta t/1.35$ | $^n\Delta t = 0.63 \cdot {}^{n-1}\Delta t$ |
| Wenn $2E-2 > R^D$, | dann $R = 1.25$ | $^{n+1}\Delta t = {}^n\Delta t$ | $^n\Delta t = {}^{n-1}\Delta t/3$ |
| Wenn $2E-2 < R^D$, | dann $R = 0.4$ | $^{n+1}\Delta t = 1.5 \cdot {}^n\Delta t$ | $^n\Delta t = {}^{n-1}\Delta t/3$ |

Dabei ist $N$ die maximale Anzahl von Iterationen bis zum Erreichen des Konvergenzkriteriums.

# Anhang E

# Ergänzung zum Polungsprozess der Komposit-Struktur

Die zeitliche Entwicklung des elektrischen Feldes und der remanenten Polarisation in der Hart- und Weich-PZT-Keramik ist in Abb. E.1 dargestellt. Die mechanischen Spannungen in den Schichten führen zu einem inhomogenen elektrischen Feld. Für die in Abb. E.1 dargestellten Verläufe wurden die remanente Polarisation und das elektrische Feld am Eckknoten mit den Koordinaten (20 mm, ±2 mm, 6 mm) ausgewertet.

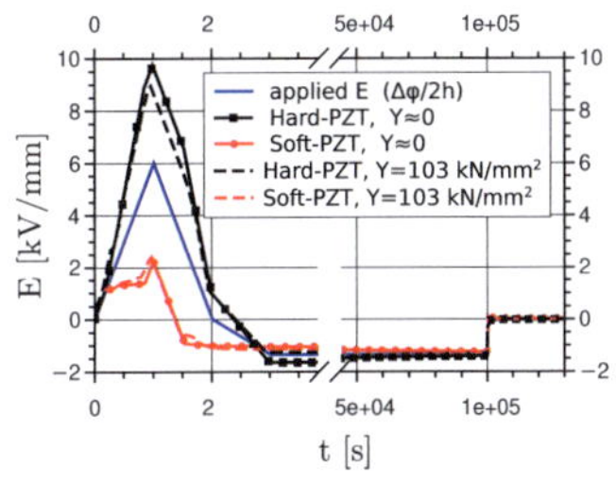


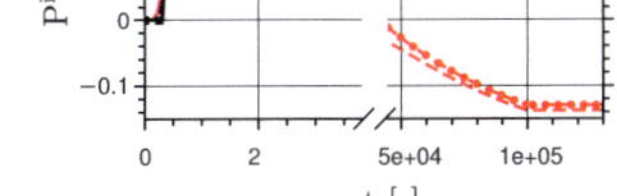


(a) Vergl. elektrisches Feld.  (b) Vergl. remanente Polarisation.

**Abb. E.1:** Einfluss der mechanischen Spannungen auf die zeitliche Entwicklung des elektrischen Feldes und der remanenten Polarisation in der Hart- und der Weich-PZT-Keramik.

# Literaturverzeichnis

[1] ALATSATHIANOS, S. (2000). *Experimentelle Untersuchung des Materialverhaltens von piezoelektrischen Werkstoffen.* Dissertation, Universität Karlsruhe (TH).

[2] ALLIK, H. und T. J. R. HUGHES (1970). *Finite element method for piezoelectric vibration.* International Journal for Numerical Methods in Engineering, 2:151–157.

[3] ARLT, G. (1990). *Twinning in ferroelectric and ferroelastic ceramics: stress relief.* Journal of Materials Science, 25:2655–2666.

[4] AULD, B. A. (1969). *Application of Microwave Concepts to the Theory of Acoustic Fields and Waves in Solids.* IEEE Transactions on Microwave Theory and Techniques, 17:800–811.

[5] BATHE, K.-J. (2002). *Finite-Elemente-Methoden.* Springer-Verlag.

[6] BELOV, A. Y. und W. S. KREHER (2005a). *Viscoplastic models for ferroelectric ceramics.* Journal of the European Ceramic Society, 25:2567–2571.

[7] BELOV, A. Y. und W. S. KREHER (2006). *Simulation of microstructure evolution in polycrystalline ferroelectrics-ferroelastics.* Acta Materialia, 54:3463–3469.

[8] BELOV, A. Y. und W. KREHER (2005b). *Viscoplastic behaviour of perovskite type ferroelectrics.* Materials Science and Engineering B, 118:7–11.

[9] BELYTSCHKO, T., W. K. LIU und B. MORAN (2007). *Nonlinear finite elements for continua and structures.* Wiley.

[10] BÖEHLE, U. (1999). *Phänomenologische Modellierung und Finite-Elemente-Simulationen von nichtlinearen elektromechanischen Vorgängen in ferroelektrischen Materialien.* Dissertation, Universität Karlsruhe (TH).

[11] CARL, J., D. MÜLLER-HOEPPE und M. MEADOWS (2006). *Comparison of Tetrahedral and Brick Elements for Linear Elastic Analysis.* Term Project AFEM Spring 2006.

[12] CHEN, X.-D., D. B. YANG, Y.-D. JIANG, Z.-M. WU, D. LI, F.-J. GOU und J.-D. YANG (1998). *0-3 Piezoelectric composite film with high d33 coefficient.* Sensors and Actuators A: Physical, 65:194–196.

[13] DAMJANOVIC, D. (1998). *Ferroelectric, dielectric and piezoelectric properties of ferroelectric thin films and ceramics.* Reports on Progress in Physics, 61:1267–1324.

[14] DAVIS, T. A. (2004). *Algorithm 832: UMFPACK V4.3 - an unsymmetricpattern multifrontal method.* ACM Transactions on Mathematical Software, 30:196–199.

[15] DEVONSHIRE, A. F. (1954). *Theory of ferroelectrics.* Advances in Physics, 3:85–130.

[16] DUNNE, F. und P. NIK (2005). *Introduction to Computational Plasticity.* Oxford University Press.

[17] ELHADROUZ, M., T. B. ZINEB und E. PATOOR (2005). *Constitutive law for ferroelastic and ferroelectric piezoceramics.* Journal of Intelligent Material Systems and Structures, 16:221–236.

[18] ENDERLEIN, M. (2007). *Finite-Elemente-Verfahren zur bruchmechanischen Analyse von Rissen in piezoelektrischen Strukturen bei transienter elektromechanischer Belastung.* Dissertation, Technischen Universität Bergakademie Freiberg.

[19] EPCOS (2009). *Enhanced performance and durability.* http://www.epcos.com/.

[20] ERINGEN, A. C. und G. A. MAUGIN (1990). *Electrodynamics of Continua I.* Springer-Verlag, New York.

[21] FETT, T., S. MULLER, D. MUNZ und G. THUN (1998). *Nonsymmetry in the deformation behaviour of PZT.* Journal of Materials Science Letters, 17:261–265.

[22] FETT, T., D. MUNZ und G. THUN (2003). *Stress-strain behaviour of a soft PZT ceramic under tensile and compression loading and a transverse electric field.* Ferroelectrics, 297:83–90.

[23] FRÖHLICH, A. (2001). *Mikromechanisches Modell zur Ermittlung effektiver Materialeigenschaften von piezoelektrischen Polykristallen.* Dissertation, Universität Karlsruhe (TH).

[24] GALL, M. (2003). *Theorie und Finite-Element-Formulierung eines elastokinetischen Kontinuums mit piezoelektrischen Eigenschaften.* Diplomarbeit, Universität Karlsruhe (TH).

[25] Gaudenzi, P. und K.-J. Bathe (1995). *An Iterative Finite Element Procedure for the Analysis of Piezoelectric Continua*. Journal of Intelligent Material Systems and Structures, 6:266–273.

[26] Ghandi, K. und N. W. Hagood (1996). *Nonlinear finite element modeling of phase transitions in electromechanically coupled material*. Bd. 2715, S. 121–140. SPIE.

[27] Ghandi, K. und N. W. Hagood (1997). *A hybrid finite element model for phase transition in nonlinear electro-mechanically coupled material*. Bd. 3039, S. 97–112. SPIE.

[28] Görnandt, A. (2002). *Einbeziehung der Temperatur in die Modellbildung und Berechnung von aktiven Strukturen mit piezokeramischen Aktuatoren und Sensoren*. Dissertation, Düsseldorf.

[29] Gould, N. I. M., Y. Hu und J. A. Scott (2007). *A numerical evaluation of sparse direct solvers for the solution of large sparse symmetric linear systems of equations*. ACM Transactions on Mathematical Software, 33:1–32.

[30] Greiner, W. und J. Rafelski (1992). *Theoretische Physik*. Harri Deutsch Verlag (2008).

[31] Griewank, A. (2000). *Evaluating derivatives : principles and techniques of algorithmic differentiation*. Frontiers in applied mathematics. SIAM, Philadelphia.

[32] Grünbichler, H., J. Kreith, R. Bermejo, P. Supancic und R. Danzer (2010). *Modelling of the ferroic material behaviour of piezoelectrics: Characterisation of temperature-sensitive functional properties*. Journal of the European Ceramic Society, 30:249–254.

[33] Hanke-Bourgeois, M. (2009). *Grundlagen der numerischen Mathematik und des wissenschaftlichen Rechnens*. Vieweg + Teubner.

[34] Harper, J. E. (1999). *Analysis of Nonlinear Electroelastic Continua with Electric Conduction*. Master thesis, Massachusetts Institute of Technology.

[35] Harper, J. E. und N. W. Hagood (2000). *Analysis of deformable electro-elastic devices: cumulative effects of weak electric conduction*. Bd. 3992, S. 25–39. SPIE.

[36] Haug, A., P. R. Onck und E. Van der Giessen (2007). *Development of inter- and intragranular stresses during switching of ferroelectric polycrystals*. International Journal of Solids and Structures, 44:2066–2078.

[37] HAUPT, P. (2002). *Continuum mechanics and theory of materials.* Springer-Verlag.

[38] HEYWANG, W., K. LUBITZ und W. WERSING (2008). *Piezoelectricity.* Springer-Verlag.

[39] HOOKER, M. W. (1998). *Properties of PZT-Based Piezoelectric Ceramics Between - 150° and 250° C.* NASA Report.

[40] HUBER, J. E. (2005). *Micromechanical modelling of ferroelectrics.* Current Opinion in Solid State and Materials Science, 9:100–106.

[41] HUBER, J. E. und N. A. FLECK (2001). *Multi-axial electrical switching of a ferroelectric: theory versus experiment.* Journal of the Mechanics and Physics of Solids, 49:785–811.

[42] HUBER, J. E., N. A. FLECK, C. M. LANDIS und R. M. MCMEEKING (1999). *A constitutive model for ferroelectric polycrystals.* Journal of the Mechanics and Physics of Solids, 47:1663–1697.

[43] IKEDA, T. (1990). *Fundamentals of piezoelectricity.* Oxford University Press, Oxford.

[44] JAFFE, B., W. R. COOK und H. JAFFE (1971). *Piezoelectric ceramics.* Non-metallic solids. Academic Press.

[45] JÖRG, S. und K. MARC-ANDRE (2010). *A Framework for the Two-Scale Homogenization of Electro-Mechanically Coupled Boundary Value Problems.* In: *Computer Methods in Mechanics*, Bd. 1 d. Reihe *Advanced Structured Materials*, S. 311–329. Springer-Verlag.

[46] KALTENBACHER, M., B. KALTENBACHER, T. HEGEWALD und R. LERCH (2010). *Finite Element Formulation for Ferroelectric Hysteresis of Piezoelectric Materials.* Journal of Intelligent Material Systems and Structures, 21:773–785.

[47] KAMLAH, M. (2000). *Zur Modellierung von nichtlinearen elektromechanischen Koppelphänomenen in Piezokeramiken.* Berichte des Instituts für Mechanik (Bericht 2/2000), Institut für Mechanik, Universität Gesamthochschule Kassel.

[48] KAMLAH, M. (2001). *Ferroelectric and ferroelastic piezoceramics - modeling of electromechanical hysteresis phenomena.* Continuum Mechanics Thermodynamics, 13:219–268.

[49] KAMLAH, M., A. C. LISKOWSKY, R. M. MCMEEKING und H. BALKE (2005). *Finite element simulation of a polycrystalline ferroelectric based on a multidomain single crystal switching model.* International Journal of Solids and Structures, 42:2949–2964.

[50] KAMLAH, M. und Z. WANG (2003). *A thermodynamically and microscopically motivated constitutive model for piezoceramics.* Wissenschaftliche Berichte, FZKA-6880.

[51] KIM, S. (2011). *A constitutive model for thermo-electro-mechanical behavior of ferroelectric polycrystals near room temperature.* International Journal of Solids and Structures, 48:1318–1329.

[52] KLINKEL, S. (2006). *A thermodynamic consistent 1D model for ferroelastic and ferroelectric hysteresis effects in piezoceramics.* Communications in Numerical Methods in Engineering, 22:727–739.

[53] KLINKEL, S. O. (2007). *Nichtlineare Modellierung ferroelektrischer Keramiken und piezoelektrischer Strukturen: Analyse und Finite-Element-Formulierung.* Berichte des Instituts für Baustatik, Karlsruher Institut für Technologie. Institut für Baustatik.

[54] KUNGL, H. (2005). *Dehnungsverhalten von morphotropem PZT.* Dissertation, Universität Kalrsruhe.

[55] KURZHÖFER, I. (2007). *Mehrskalen-Modellierung polykristalliner Ferroelektrika basierend auf diskreten Orientierungsverteilungsfunktionen.* Dissertation, Universität Duisburg-Essen.

[56] KUVATOV, A. (2005). *Polungs- und Biegeverhalten von Ba(Ti,Sn)O$_3$: Keramiken mit einem Funktionsgradienten.* Dissertation, Martin-Luther-Universität Halle-Wittenberg.

[57] LANDIS, C. M. (2002a). *Fully coupled, multi-axial, symmetric constitutive laws for polycrystalline ferroelectric ceramics.* Journal of the Mechanics and Physics of Solids, 50:127–152.

[58] LANDIS, C. M. (2002b). *A new finite-element formulation for electromechanical boundary value problems.* International Journal for Numerical Methods in Engineering, 55:613–628.

[59] LANDIS, C. M. (2003). *On the Strain Saturation Conditions for Polycrystalline Ferroelastic Materials.* Journal of Applied Mechanics, 70:470–478.

[60] LASKEWITZ, B. (2007). *Finite-Elemente-Implementierung konstitutiver nichtlinearer Stoffgestzte für piezokeramische Werkstoffe*. Dissertation, Universität Karlsruhe (TH).

[61] LASKEWITZ, B., M. KAMLAH und C. CHEN (2006). *Investigations of the nonlinear behavior of piezoceramic hollow cylinders*. Journal of Intelligent Material Systems and Structures, 17:521–532.

[62] LI, F. X. und R. K. N. D. RAJAPAKSE (2007). *Analytical saturated domain orientation textures and electromechanical properties of ferroelectric ceramics due to electric/mechanical poling*. Journal of Applied Physics, 101:54110–54118.

[63] LI, Q., A. RICOEUR, M. ENDERLEIN und M. KUNA (2010). *Evaluation of electromechanical coupling effect by microstructural modeling of domain switching in ferroelectrics*. Mechanics Research Communications, 37:332–336.

[64] LINNEMANN, K. (2007). *Magnetostriktive und piezoelektrische Materialien - Konstitutive Modellierung und Finite-Element-Formulierung*. Dissertation, Universität Karlsruhe (TH).

[65] MARIC, M. (2009). *Elektromechanische Charakterisierung von PZT-Materialien*. Diplomarbeit, Hochschule Aalen.

[66] MARTON, P. und C. ELSÄSSER (2011). *First-principles study of structural and elastic properties of the tetragonal ferroelectric perovskite $Pb(Zr_{0.50}Ti_{0.50})O_3$*. physica status solidi (b), 248:2222–2228.

[67] MAUGIN, G. A. (1988). *Continuum mechanics of electromagnetic solids*. North Holland series in applied mathematics and mechanics. North-Holland.

[68] MEHLING, V., C. TSAKMAKIS und D. GROSS (2007). *Phenomenological model for the macroscopical material behavior of ferroelectric ceramics*. Journal of the Mechanics and Physics of Solids, 55:2106–2141.

[69] MESECKE-RISCHMANN, S. (2004). *Modellierung von flachen piezoelektrischen Schalen mit zuverlassigen finiten Elementen*. Dissertation, Helmut-Schmidt-Universität/Universität der Bundeswehr Hamburg.

[70] MIEHE, C., D. ROSATO und B. KIEFER (2011). *Variational principles in dissipative electro-magneto-mechanics: A framework for the macro-modeling of functional materials*. International Journal for Numerical Methods in Engineering, 86:1225–1276.

[71] MIELKE, A. und A. M. TIMOFTE (2006). *An energetic material model for time-dependent ferroelectric behaviour: existence and uniqueness.* Mathematical Methods in the Applied Sciences, 29:1393–1410.

[72] MIKKENIE, R. (2011). *Materials Development for Commercial Multilayer Ceramic Capacitors.* Dissertation, University of Twente.

[73] OR, Y. T., C. K. WONG, B. PLOSS und F. G. SHIN (2003a). *Modeling of poling, piezoelectric, and pyroelectric properties of ferroelectric 0-3 composites.* Journal of Applied Physics, 94:3319–3325.

[74] OR, Y. T., C. K. WONG, B. PLOSS und F. G. SHIN (2003b). *Polarization behavior of ferroelectric multilayered composite structures.* Journal of Applied Physics, 93:4112–4119.

[75] PARDO, L. und J. RICOTE, Hrsg. (2011). *Multifunctional Polycrystalline Ferroelectric Materials.* Springer-Verlag.

[76] PATHAK, A. und R. M. MCMEEKING (2008). *Three-dimensional finite element simulations of ferroelectric polycrystals under electrical and mechanical loading.* Journal of the Mechanics and Physics of Solids, 56:663–683.

[77] PERTSCH, P., B. BROICH, R. BLOCK, S. RICHTER und E. HENNIG (2010). *Development of Highly Reliable Piezo Multilayer Actuators and Lifetime Tests under DC and AC Operating Conditions.* www.pi.ws/piezo_paper.

[78] PIAN, T. H. H. und C.-C. WU (2005). *Hybrid and Incompatible Finite Element Methods (Modern Mechanics and Mathematics).* Chapman & Hall/CRC.

[79] PREISACH, F. (1935). *Über die magnetische Nachwirkung.* Zeitschrift für Physik A Hadrons and Nuclei, 94:277–302.

[80] PURCELL, E. M. (1984). *Berkeley-Physik-Kurs 2: Elektrizität und Magnetismus.* Vieweg.

[81] SA-GONG, G., A. SAFARI, S. J. JANG und R. E. NEWNHAM (1986). *Poling flexible piezoelectric composites.* Ferroelectrics Letters Section, 5:131–142.

[82] SAKAMOTO, W. K., P. MARIN-FRENCH und D. K. DAS-GUPTA (2002). *Characterization and application of PZT/PU and graphite doped PZT/PU composite.* Sensors and Actuators A: Physical, 100:165–174.

[83] SCHENK, O. und K. GÄRTNER (2006). *On fast factorization pivoting methods for sparse symmetric indefinite systems.* Electronic Transactions on Numerical Analysis, 23:158–179.

[84] SCHRÖDER, J. und H. ROMANOWSKI (2005). *A thermodynamically consistent mesoscopic model for transversely isotropic ferroelectric ceramics in a coordinate-invariant setting.* Archive of Applied Mechanics, 74:863–877.

[85] SCHWEIZERHOF, K. (1989). *Quasi-Newton Verfahren und Kurvenverfolgungsalgorithmen für die Lösung nichtlinearer Gleichungssysteme in der Strukturmechanik.* Schriftenreihe / Institut für Baustatik, Universität Fridericiana zu Karlsruhe (TH).

[86] SCOTT, J. A. und Y. HU (2007). *Experiences of sparse direct symmetric solvers.* ACM Transactions on Mathematical Software, 33.

[87] SCOTT, J. F., K. WATANABE, A. J. HARTMANN und R. N. LAMB (1999). *Device models for PZT/PT, BST/PT, SBT/PT, and SBT/BI ferroelectric memories.* Ferroelectrics, 225:83–90.

[88] SEMENOV, A. S., A. C. LISKOWSKY und H. BALKE (2010). *Return mapping algorithms and consistent tangent operators in ferroelectroelasticity.* International Journal for Numerical Methods in Engineering, 81:1298–1340.

[89] SIMO, J. C. und T. J. R. HUGHES (1998). *Computational inelasticity.* Interdisciplinary applied mathematics ; Mechanics and materials. Springer-Verlag.

[90] SLOAN, S. W. (1986). *An algorithm for profile and wavefront reduction of sparse matrices.* International Journal for Numerical Methods in Engineering, 23:239–251.

[91] STEIN, E. und F.-J. BARTHOLD (1996). *Elastizitätstheorie.* Der Ingenieurbau, Grundwissen: Werkstoffe, Elastizitätstheorie. Ernst & Sohn, Berlin, 1996.

[92] STEINHAUSEN, R., C. PIENTSCHKE, A. KUVATOV, H. LANGHAMMER, H. BEIGE, A. MOVCHIKOVA und O. MALYSHKINA (2008). *Modelling and characterization of piezoelectric and polarization gradients.* Journal of Electroceramics, 20:47–52.

[93] SZE, K. Y. und Y. S. PAN (1999). *Hybrid finite element models for piezoelectric materials.* Journal of Sound and Vibration, 226:519–547.

[94] TAYLOR, R. L. (2008). *FEAP, A Finite Element Analysis Program Version 8.2 Programmer Manual.*

[95] TRUESDELL, C. und W. NOLL (2004). *The non-linear field theories of mechanics*. Springer-Verlag, Berlin.

[96] UTKE, J., U. NAUMANN, M. FAGAN, N. TALLENT, M. STROUT, P. HEIMBACH, C. HILL und C. WUNSCH (2008). *OpenAD/F: A Modular, Open-Source Tool for Automatic Differentiation of Fortran Codes*. ACM Transactions on Mathematical Software, 34:1–36.

[97] VÖLKER, B. (2010). *Phase-field modeling for ferroelectrics in a multi-scale approach*. Dissertation, Karlsruher Institut für Technologie.

[98] WASER, R., U. BÖTTGER und S. TIEDKE (2005). *Polar Oxides : properties, characterization and imaging*. WILEY-VCH, Weinheim.

[99] WAUER, J. und S. SUHERMAN (1997). *Thickness vibrations of a piezo-semiconducting plate layer*. International Journal of Engineering Science, 35:1387–1404.

[100] WEBER, G. G., A. M. LUSH, A. ZAVALIANGOS und L. ANAND (1990). *An objective time-integration procedure for isotropic rate-independent and rate-dependent elastic-plastic constitutive equations*. International Journal of Plasticity, 6:701–744.

[101] WEI, N., D.-M. ZHANG, F.-X. YANG, X.-Y. HAN, Z.-C. ZHONG und K.-Y. ZHENG (2007). *Effect of electrical conductivity on the polarization behaviour and pyroelectric, piezoelectric property prediction of 0-3 ferroelectric composites*. Journal of Physics D: Applied Physics, 40:2716–2722.

[102] WHITE, D. L. (1962). *Amplification of Ultrasonic Waves in Piezoelectric Semiconductors*. Journal of Applied Physics, 33:2547–2554.

[103] WONG, C. und F. SHIN (2006). *Effect of electrical conductivity on poling and the dielectric, pyroelectric and piezoelectric properties of ferroelectric 0-3 composites*. Journal of Materials Science, 41:229–249.

[104] WONG, C. K. und F. G. SHIN (2005). *Electrical conductivity enhanced dielectric and piezoelectric properties of ferroelectric 0-3 composites*. Journal of Applied Physics, 97:64111–64120.

[105] WRIGGERS, P. (2001). *Nichtlineare Finite element methoden*. Springer-Verlag.

[106] YANG, J. S. und H. G. ZHOU (2005). *Amplification of acoustic waves in piezoelectric semiconductor plates*. International Journal of Solids and Structures, 42:3171–3183.

[107] ZHANG, H. Y., L. X. LI und Y. P. SHEN (2005). *Modeling of poling behavior of ferroelectric 3-3 composites*. International Journal of Engineering Science, 43:1138–1156.

[108] ZHOU, D. (2003). *Experimental investigation of non-linear constitutive behavior of PZT piezoceramics*. Dissertation, Universität Karlsruhe (TH).

[109] ZHOU, D. und M. KAMLAH (2006). *Room-temperature creep of soft PZT under static electrical and compressive stress loading*. Acta Materialia, 54:1389–1396.

[110] ZHOU, D., M. KAMLAH und B. LASKEWITZ (2006). *Multi-axial non-proportional polarization rotation tests of soft PZT piezoceramics under electric field loading*. Bd. 6170, S. 617009–617018. SPIE.

[111] ZHOU, D., R. WANG und M. KAMLAH (2010). *Determination of reversible and irreversible contributions to the polarization and strain response of soft PZT using the partial unloading method*. Journal of the European Ceramic Society, 30:2603–2615.

[112] ZHOU, D., Z. WANG und M. KAMLAH (2005). *Experimental investigation of domain switching criterion for soft lead zirconate titanate piezoceramics under coaxial proportional electromechanical loading*. Journal of Applied Physics, 97:084105–084109.

[113] ZOUARI, W., T. BEN ZINEB und A. BENJEDDOU (2009). *A FSDT-MITC Piezoelectric Shell Finite Element with Ferroelectric Non-linearity*. Journal of Intelligent Material Systems and Structures, 20:2055–2075.

[114] ZOUARI, W., T. BEN ZINEB und A. BENJEDDOU (2011). *A ferroelectric and ferroelastic 3D hexahedral curvilinear finite element*. International Journal of Solids and Structures, 48:87–109.

# Danksagung

Die vorliegende Dissertation entstand in den Jahren 2008 bis 2011 im Rahmen der gemeinsamen Forschungsaktivitäten am Institut für Angewandte Materialien (IAM-WBM) des Karlsruher Instituts für Technologie, am Materials Center Leoben (MCL) und am Institut für Struktur- und Funktionskeramik (ISFK) der Montanuniversität Leoben.
Meinem Doktorvater Prof. Marc Kamlah möchte ich danken für die Übernahme des Hauptreferats. In unzähligen Gesprächen konnte ich von seinem umfangreichen Wissen über die Kontinuumsmechanik und über das Verhalten bzw. die Modellierung von Piezokeramiken profitieren. Er gab mir die notwendigen Freiräume und die Unterstützung um Dinge auszuprobieren ohne die diese Arbeit nicht möglich gewesen wäre. Bedanken möchte ich mich bei Prof. Oliver Kraft für die Übernahme des Korreferats, der schon während meiner Diplomarbeit mein Interesse für das wissenschaftliche Arbeiten weckte.
Mein Dank gilt auch Herrn Prof. Robert Danzer. Nur seine tatkräftige Unterstützung für dieses Projekt ermöglichte letztendlich die Finanzierung dieser Arbeit durch das MCL bzw. das COMET K2 Zentrums. Danken möchte ich auch Prof. Peter Supancic, der das Korreferat übernommen hat. Die Aufenthalte am ISFK haben in vielerlei Hinsicht zum Erfolg dieser Arbeit beigetragen.
Besonders bedanken möchte ich bei Hannes Grünbichler und Dr. Marco Deluca, die meine zahlreichen Aufenthalte in Leoben immer abwechslungsreich gestaltet haben. Mein Dank gilt auch allen Kollegen, die zum Gelingen der Arbeit beigetragen haben. Die angenehme Atmosphäre bzw. das sehr freundschaftliche Klima in der Abteilung erleichterten mir den Weg zur Promotion. Hierbei möchte ich mich insbesondere bei meinen Bürokollegen Dr. Yixiang Gan und Julia Ott für die gute Arbeitsatmosphäre bedanken.
Danken möchte ich Gerbug Frisch für die sorgsame Korrektur dieser Arbeit und Dr. Marie-Theres Boll, mit der ich während meiner Promotion fachlich diskutieren konnte und bei der ich den so wichtigen Ausgleich zur wissenschaftlichen Arbeit fand. Zuletzt möchte ich meinen Eltern danken, die mich immer gefördert und in meinen Entscheidungen von klein an unterstützt haben.

Karlsruhe, im Februar 2012


Holger Schwaab

# Schriftenreihe
## des Instituts für Angewandte Materialien

**ISSN 2192-9963**

Die Bände sind unter www.ksp.kit.edu als PDF frei verfügbar oder
als Druckausgabe bestellbar.